ThinkPHP 5 实战

夏磊 著

清华大学出版社
北京

内 容 简 介

本书针对 ThinkPHP 5 进行编写，内容由浅入深，由局部到整体，以实用性为目标，系统地介绍 ThinkPHP 框架的相关技术及其在 Web 开发中的应用。

本书分为 18 章，内容包括开发环境搭建、配置系统、路由、控制器、数据库操作层、模型层、视图、验证器、缓存、Session 和 Cookie、命令行应用、开发调试、服务器部署、数据库设计、多人博客系统开发、图书管理系统开发、论坛系统开发与微信小程序商城系统开发。如果读者在阅读本书时遇到问题，还可以到 Github 上提出问题获得解答。

本书适合 ThinkPHP 初学者、PHP 应用开发人员，也适合作为高等院校和培训学校计算机相关专业的师生教学参考。

本书封面贴有清华大学出版社防伪标签，无标签者不得销售
版权所有，侵权必究。侵权举报电话：010-62782989　　13701121933

图书在版编目（CIP）数据

ThinkPHP 5 实战 / 夏磊著. — 北京：清华大学出版社，2019
ISBN 978-7-302-53358-0

Ⅰ. ①T… Ⅱ. ①夏… Ⅲ. ①PHP 语言－程序设计 Ⅳ. ①TP312.8

中国版本图书馆 CIP 数据核字（2019）第 168271 号

责任编辑：夏毓彦
封面设计：王　翔
责任校对：闫秀华
责任印制：沈　露

出版发行：清华大学出版社
网　　址：http://www.tup.com.cn，http://www.wqbook.com
地　　址：北京清华大学学研大厦 A 座　　　　邮　编：100084
社 总 机：010-62770175　　　　　　　　　　邮　购：010-62786544
投稿与读者服务：010-62776969，c-service@tup.tsinghua.edu.cn
质量反馈：010-62772015，zhiliang@tup.tsinghua.edu.cn

印 装 者：三河市国英印务有限公司
经　　销：全国新华书店
开　　本：190mm×260mm　　　印　张：12.75　　　字　数：327 千字
版　　次：2019 年 10 月第 1 版　　　　　　　　　印　次：2019 年 10 月第 1 次印刷
定　　价：49.00 元

产品编号：080795-01

前 言

PHP 是一种通用开源脚本语言，开源、跨平台、易于使用，主要适用于 Web 开发领域。MVC 模式使得 PHP 在大型 Web 项目开发中耦合性低、重用性高、可维护性高、有利于软件工程化管理。作为国内 MVC 框架中的佼佼者，ThinkPHP 是一个免费开源、快速、简单的、面向对象的、轻量级 PHP 开发框架，已经成长为国内最领先和最具影响力的 Web 应用开发框架，众多的典型案例确保可以稳定用于商业以及门户级网站的开发。

ThinkPHP 5 版本是一个颠覆和重构版本，采用全新的架构思想，引入了更多的 PHP 新特性，优化了核心，减少了依赖，实现了真正的惰性加载，支持 composer，并针对 API 开发做了大量的优化，包括路由、日志、异常、模型、数据库、模板引擎和验证等模块都已经重构，不适合原有 ThinkPHP 3.2 项目的升级，所以编写了本书。

本书编写的目的是让读者能够系统地学习 ThinkPHP 5 框架。即使读者不了解 MVC 模式或者 MVC 框架，阅读本书也不会有太大的问题，并且学完本书后能基于 ThinkPHP 5 开发自己的项目。为了加强读者对内容的理解，每一章都有配套示例以及详尽的注释，便于读者理解和学习。大部分章节都会配有练习，进行针对性的训练。在本书的后半部分更是直接展示一个完整项目的开发流程，让读者可以在实践中学习。毕竟"眼过千遍，不如手写一遍"。

本书示例代码

针对上一版代码 Github 单个仓库托管问题，本书实例代码已经改为组织托管，每个项目都会使用独立的仓库保存。所有的实例都可以在 Web 开发中直接使用，省去了读者"造轮子"的过程，以专注于业务逻辑开发。对于本书内容有任何疑问或者在实际开发中遇到问题的读者可以在 Github 上的 issue 中提出问题，作者会进行解答。本书仓库地址为 https://github.com/thinkphp5-inaction。如果下载有问题，请联系 booksaga@163.com，邮件主题为"ThinkPHP5 实战"。

本书开发环境

操作系统：Windows10 专业版
Web 服务器：PHP 自带

PHP 版本：PHP 7.2.5（NTS）（ThinkPHP 5 要求 PHP 版本大于等于 5.6 即可）
IDE：PHPStorm 2018.1
ThinkPHP 版本：ThinkPHP 5.0.19（本书提到的 ThinkPHP 5 即指这个版本）
浏览器：Google Chrome 66（更高的版本也没有问题）

本书适合读者

- Web 开发爱好者
- 拥有 PHP 基础想深入学习 PHP 大型项目开发的人员
- 大中专院校以及培训机构的讲师
- 初/中级网站开发人员

著　者
2019 年 8 月

目 录

第1章 搭建开发环境 1

    1.1 下载开发工具/软件 1

    1.2 HelloWorld 1

第2章 配置系统 5

    2.1 配置的路径 5

    2.2 配置的格式 5

    2.3 配置的加载顺序 6

    2.4 配置的读写与示例 6

    2.5 小结 8

第3章 路由 9

    3.1 路由模式 9

        3.1.1 普通模式 9

        3.1.2 混合模式 10

        3.1.3 强制模式 10

    3.2 路由定义 10

        3.2.1 编码定义 10

        3.2.2 配置定义 11

    3.3 路由条件 11

    3.4 路由地址 13

        3.4.1 路由到模块/控制器 13

        3.4.2 重定向 13

        3.4.3 路由到控制器方法 14

        3.4.4 路由到类静态方法 14

        3.4.5 路由到闭包 14

3.5 Restful 路由 14
3.5.1 普通资源 14
3.5.2 嵌套资源 15
3.6 路由分组 16
3.7 全局 404 路由 16
3.8 路由绑定 17
3.9 URL 生成 17
3.10 小结 17

第 4 章 控制器 18
4.1 定义 18
4.2 输出响应 18
4.3 配置响应格式 19
4.4 初始化操作和前置操作 19
4.5 跳转和重定向 20
4.6 控制器嵌套 20
4.7 获取请求详情 20
4.8 获取输入数据 21
4.8.1 数据过滤方法 22
4.8.2 获取部分数据 22
4.8.3 排除部分数据 22
4.8.4 数据类型处理 22
4.9 参数绑定 23
4.10 页面缓存 23
4.11 小结 23

第 5 章 数据库操作层 24
5.1 数据库配置 24
5.2 基本操作 26
5.3 使用查询构造器 27
5.3.1 添加数据 27
5.3.2 更新数据 27

		5.3.3 查询数据	28
		5.3.4 删除数据	28
5.4	查询语法		29
	5.4.1	查询表达式和查询方法	29
	5.4.2	查询表达式示例	30
5.5	连贯操作		31
5.6	连贯操作示例		32
	5.6.1	table	32
	5.6.2	alias	33
	5.6.3	field	33
	5.6.4	order/orderRaw	33
	5.6.5	limit	34
	5.6.6	group	34
	5.6.7	having	34
	5.6.8	join	34
	5.6.9	union	35
	5.6.10	distinct	35
	5.6.11	page	35
	5.6.12	lock	35
	5.6.13	cache	36
	5.6.14	relation	36
5.7	查询事件与 SQL 调试		36
	5.7.1	查询事件	36
	5.7.2	SQL 调试	37
	5.7.3	事务	37
	5.7.4	调用存储过程或函数	37

第 6 章 模型层 38

6.1	模型定义	38
6.2	插入数据	38
6.3	更新数据	39
6.4	批量更新（只支持主键）	39

- 6.5 删除数据 40
- 6.6 查询数据 40
- 6.7 批量查询 40
- 6.8 聚合查询 41
- 6.9 get/set 41
- 6.10 自动时间戳处理 42
- 6.11 只读字段 43
- 6.12 软删除 43
- 6.13 自动完成 44
- 6.14 数据类型自动转换 45
- 6.15 快捷查询 46
- 6.16 全局查询条件 46
- 6.17 模型事件 47
- 6.18 关联模型 48
  - 6.18.1 一对一关联 48
  - 6.18.2 一对一关联模型数据操作 48
  - 6.18.3 一对一从属关联 49
  - 6.18.4 一对多关联 49
  - 6.18.5 一对多关联模型数据操作 50
  - 6.18.6 一对多从属关联 50
  - 6.18.7 多对多关联 50
  - 6.18.8 多对多模型数据操作 51
  - 6.18.9 多对多从属关联 52
  - 6.18.10 不定类型关联模型 52
  - 6.18.11 关联数据一次查询优化 54

第 7 章 视图 56

- 7.1 渲染方法 56
- 7.2 模板引擎配置 56
- 7.3 模板赋值与渲染 57
- 7.4 Think 模板引擎语法 57
  - 7.4.1 变量输出 58

  7.4.2 模板内置变量 58
  7.4.3 默认值 58
  7.4.4 使用函数 59
  7.4.5 算术运算符 59
  7.4.6 三目运算符 59
  7.4.7 不解析输出 60
  7.4.8 布局文件 60
  7.4.9 模板包含 62
  7.4.10 被包含模板使用变量 63
 7.5 模板继承 64
  7.5.1 继承语法 64
  7.5.2 继承模板合并 65
  7.5.3 模板继承注意事项 65
 7.6 模板标签库 66
  7.6.1 导入标签库 66
  7.6.2 使用标签库 66
  7.6.3 标签预加载 66
  7.6.4 内置标签 67
  7.6.5 内置标签示例 68
  7.6.6 标签嵌套 72

第 8 章 验证器

 8.1 验证器类 73
 8.2 验证规则 74
 8.3 自定义规则 76
 8.4 控制器/模型验证 77
 8.5 便捷验证 78
 8.6 小结 78

第 9 章 缓存

 9.1 缓存配置 79
 9.2 缓存操作 79

第 10 章 Session 和 Cookie 81

10.1 Session 和 Cookie 区别 81
10.1.1 Session 81
10.1.2 Cookie 81
10.2 Session 配置 81
10.3 Session 操作 82
10.4 Cookie 配置 82
10.5 Cookie 操作 83

第 11 章 命令行应用 84

第 12 章 开发调试 86

12.1 调试模式的开启和关闭 86
12.2 变量调试 87
12.3 执行流程 87
12.4 性能调试 88
12.5 异常 88
12.5.1 异常配置 88
12.5.2 异常处理器 89
12.6 异常抛出 89

第 13 章 服务器部署 91

13.1 apt-get 常用命令 91
13.2 安装步骤 92
13.3 配置文件路径 92
13.4 服务管理命令 92
13.5 配置默认站点 92

第 14 章 数据库设计 94

14.1 设计原则 94
14.2 设计工具 94

第 15 章 多人博客系统开发 100

15.1 项目目的 100
15.2 需求分析 100
15.3 功能分析 101
15.4 数据库设计 101
15.4.1 数据表模型图 101
15.4.2 数据库关系说明 102
15.4.3 数据库字典 102
15.5 模块设计 104
15.5.1 网站前台 105
15.5.2 用户管理端 107
15.6 效果展示 107
15.7 代码示例 110
15.7.1 用户注册 110
15.7.2 用户登录 112
15.7.3 文章详情 113
15.7.4 发表文章 115
15.7.5 接入统计系统 117
15.8 项目总结 118
15.9 项目完整代码 118

第 16 章 图书管理系统开发 119

16.1 项目目的 119
16.2 MVC+Repository+Service 介绍 119
16.3 需求分析 120
16.4 功能分析 120
16.5 模块设计 120
16.6 数据库设计 121
16.6.1 数据库模型关系 121
16.6.2 数据库关系说明 122
16.6.3 数据库字典 123
16.7 核心业务流程 125

- 16.8 效果展示 ... 125
- 16.9 代码示例 ... 128
- 16.10 项目总结 ... 137
- 16.11 项目完整代码 ... 137

第 17 章 论坛系统开发 ... 138

- 17.1 项目目的 ... 138
- 17.2 需求分析 ... 138
- 17.3 功能分析 ... 139
- 17.4 模块设计 ... 139
- 17.5 数据库设计 ... 139
  - 17.5.1 数据库表关系 ... 140
  - 17.5.2 数据库表关系说明 ... 141
  - 17.5.3 数据库字典 ... 141
- 17.6 效果展示 ... 145
- 17.7 代码示例 ... 152
  - 17.7.1 用户注册 ... 152
  - 17.7.2 新增版块 ... 153
  - 17.7.3 编辑版块 ... 153
  - 17.7.4 模型基类 ... 154
  - 17.7.5 主题模型类 ... 155
  - 17.7.6 仓储基类 ... 158
  - 17.7.7 主题仓储类 ... 160
  - 17.7.8 用户业务类 ... 164
  - 17.7.9 自定义配置 ... 168
  - 17.7.10 读取自定义配置 ... 168
  - 17.7.11 免登录 Action 定义 ... 169
  - 17.7.12 免登录 Action 配置 ... 169
  - 17.7.13 用户注册（显示验证码）... 171
  - 17.7.14 用户注册（检测验证码）... 172
- 17.8 项目总结 ... 173
- 17.9 项目完整代码 ... 173

第18章 微信小程序商城系统开发 174

18.1 项目目的 174
18.2 需求分析 174
18.3 功能分析 174
18.4 模块设计 175
18.5 数据库设计 175
18.5.1 数据库关系 175
18.5.2 数据库关系说明 176
18.5.3 数据库字典 176
18.6 效果展示 178
18.7 代码示例 184
18.8 项目总结 189
18.9 项目完整代码 189

后记 190

第 1 章 搭建开发环境

1.1 下载开发工具/软件

"工欲善其事,必先利其器"。为了给后续的学习打下基础,避免由于环境不一致而导致的问题,本节将简述开发环境。下面的链接仅供参考,如果有变动,请到相关网站查找并下载。

(1)下载 PHP7.2.5,下载链接为 https://windows.php.net/downloads/releases/php-7.2.5-nts-Win32-VC15-x64.zip。

(2)下载 PHPStorm,下载链接为 http://www.jetbrains.com/phpstorm/download/#section=windows。

(3)下载 Chrome 浏览器,下载链接为 http://rj.baidu.com/soft/detail/14744.html。

(4)下载 ThinkPHP 5.0.19 核心版,下载链接为 http://www.thinkphp.cn/donate/download/id/1148.html。

(5)将下载的 PHP 解压之后,添加 PHP 目录到操作系统的 PATH 环境变量中。

1.2 HelloWorld

几乎所有的编程语言入门都是从 HelloWorld 开始的,本书也不例外。

解压 ThinkPHP 5 压缩包之后打开 PHPStorm,如图 1-1 所示。

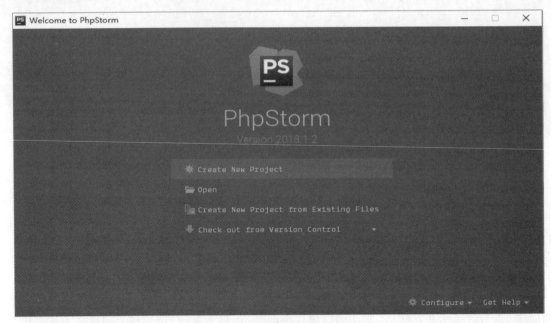

图 1-1

点击 Open 菜单打开刚才解压的目录，打开之后会进入 IDE 主界面，如图 1-2 所示。

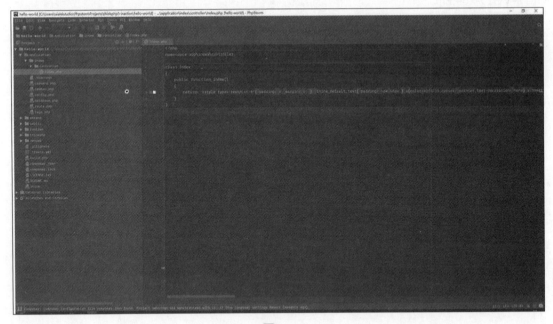

图 1-2

点击图 1-2 左下角画红框的按钮会打开扩展菜单，然后点击 Terminal 打开控制台，如图 1-3 所示。

第 1 章 搭建开发环境

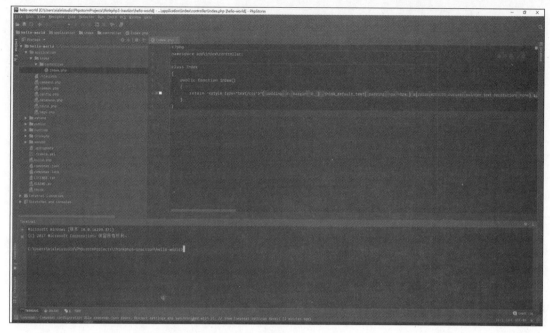

图 1-3

输入"php -S localhost:8080 -t public",如图 1-4 所示。

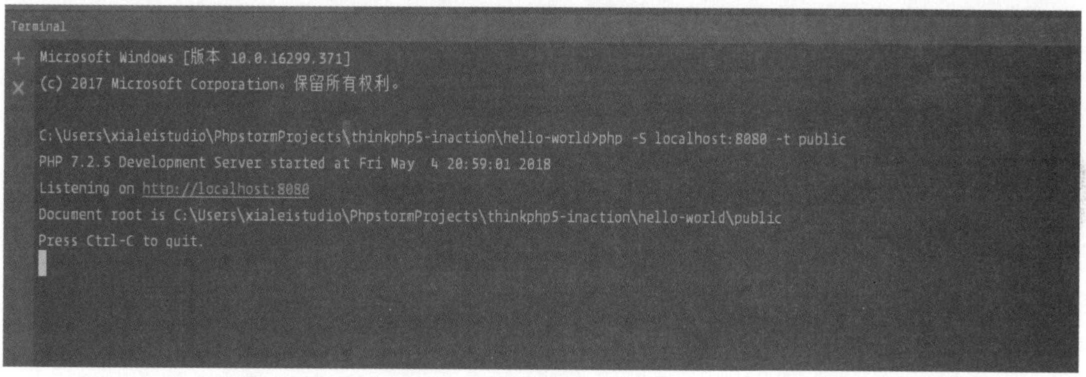

图 1-4

如果命令执行错误,请检查 PHP 环境变量是否配置正确。

命令参数解释:

- -S:启动开发服务器(PHP5.4+自带)并设置监听地址。
- -t:设置 Web 根目录,ThinkPHP 对安全的要求是 Web 目录和 PHP 源代码分离,故将 public 目录单独作为 Web 目录,源码不在该目录中,有效地提升了服务器的安全性。

打开 Chrome 浏览器,输入"http://localhost:8080",输出如图 1-5 所示。

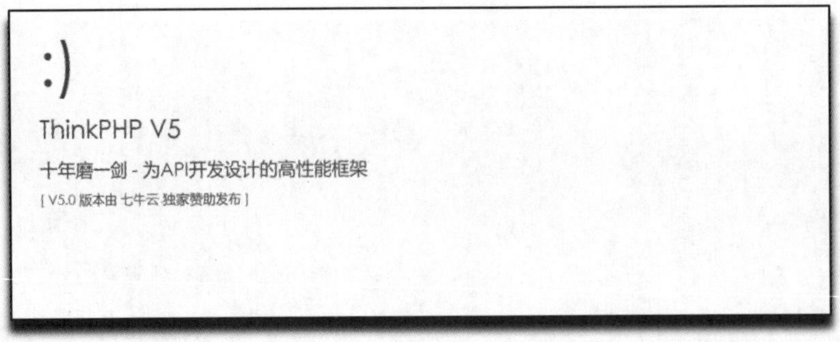

图 1-5

恭喜你,本书学习的第一步已经完成。

如果看不到上面的输出,请到 Github 上面提 issue,作者会耐心解答。

第 2 章 配置系统

目前大部分框架的习惯都是"配置大于编码",ThinkPHP 5 也不例外。配置优先的方式可以让我们只修改配置部分,不需要修改程序源代码,有效减少了程序出错的可能。

ThinkPHP 5 默认使用 PHP 数组方式定义配置,支持惯例配置、公共配置、模块配置、扩展配置、场景配置、环境变量配置和动态配置。

ThinkPHP 5 的配置非常灵活,举一个简单的例子:假设你在家里、公司两个不同的地点开发同一个项目,通过配置 app_status,系统就会自动加载不同环境下的配置文件,实现"无缝开发"。

怎么样?是不是很期待呢?那就跟我一起来学习一下 ThinkPHP 5 的配置吧!

2.1 配置的路径

ThinkPHP 5 默认配置目录为 application 目录,该目录(不包括子目录)下的文件为全局配置,整个程序都可以访问到。如果是模块(如 index 模块)下的配置,就只对该模块生效。

如果需要将 application/config.php 的配置按照组件拆分(如拆分为数据库配置、缓存配置等)为多个文件,那么请放在 application/extra 目录下,文件名为键名,文件直接返回数组即可。

将配置文件拆分有利于规范项目文件结构,尽量做到单一职责,一个配置文件只负责一个组件/功能。

2.2 配置的格式

ThinkPHP 5 默认的格式为 PHP 数组,这也是 ThinkPHP 3 的做法,不过需要注意的是 ThinkPHP 5 推荐数组键名使用小写,而 ThinkPHP 3 的键名是大写。键值支持 PHP 所有数据类型,包括简单类型(字符串、数字、布尔值等)以及嵌套数组等。

2.3 配置的加载顺序

在本章开始的时候提到过 ThinkPHP 5 支持多种配置，这就会带来一个问题，即配置的加载顺序如何？如果不弄清楚这个问题，在实际开发中可能会出现由于配置冲突、覆盖之类的问题而一时找不到问题出在哪里。

ThinkPHP 5 配置加载顺序如下：

（1）框架配置（框架自带的默认配置）。
（2）全局配置（application/config.php）。
（3）扩展配置（application/extra 目录下的配置文件）。
（4）场景配置（上文提到的 app_status 常量，如定义 app_status 为 company，框架就会加载 application/company.php 配置）。
（5）模块配置（application/模块名/config.php，支持 app_status 常量，如第 4 点的 app_status 则会加载 application/模块名/company.php 配置）。
（6）动态配置（使用 Config 类进行操作）。

可以看到优先级是从上到下越来越低，希望读者能记住配置的加载顺序，这个顺序在开发中会带来很大的方便。

2.4 配置的读写与示例

使用配置的最终目的是方便开发，也就是在合适的时候需要读写配置，比如实例化数据库的时候需要读取 database 配置。ThinkPHP 通过 Config::get 和 Config::set 读写配置。

下面我们来看配置的一个示例，这个示例将完成以下内容的验证：

- 惯例配置的加载
- 全局配置的加载
- 扩展配置的加载
- 场景配置的加载
- 模块配置的加载
- 动态配置的加载与读写

步骤说明如下：

（1）解压缩 ThinkPHP 5 核心版。
（2）运行 PHP 服务器，启动命令参照 1.2 节的相关内容。
（3）编辑 application/index/controller/Index.php：

```
<?php
```

```php
namespace app\index\controller;

use think\Config;

class Index
{
    public function index()
    {
        echo '<pre>';
        echo json_encode(Config::get(), JSON_PRETTY_PRINT);
        echo '</pre>';
    }
}
```

（4）访问 http://localhost:8080，可以看到输出了一段 JSON，这就是 ThinkPHP 的默认配置（惯例配置）。

（5）新建 application/extra/amqp.php 文件（如果 extra 目录不存在，就手动创建）。

```php
<?php
// 消息队列配置
return [
    'conn' => 'amqp://root:root@localhost:5672'
];
```

（6）刷新页面，可以看到有刚才配置的 amqp 配置。

（7）将 application/config.php 的 app_status 更改为 home。

（8）添加 application/home.php。

```php
<?php
return [
    'amqp' => [
        'conn' => 'I am Home'
    ]
];
```

（9）刷新页面，可以看到 amqp 的输出已经变成 home.php 中定义的内容。

（10）添加 application/index/config.php。

```php
<?php
return [
    'amqp' => [
        'conn' => 'I am index module amqp'
    ]
];
```

（11）刷新页面，发现 amqp 又发生了变化，与上面定义的文件一致。

（12）添加 application/index/home.php。

```
<?php
return [
    'amqp' => [
        'conn' => 'I am index module home config'
    ]
];
```

（13）继续刷新页面，发现 amqp 又发生了变化，与上面定义的文件一致。

（14）编辑 application/index/controller/Index.php，添加 rw 方法测试配置的读写。

```
public function rw()
{
    var_dump(Config::get('test'));
    Config::set('test', '111');
    var_dump(Config::get('test'));
}
```

（15）访问 http://localhost:8080/index/index/rw，可以看到如下输出：

```
NULL string(3) "111"
```

2.5 小结

经过本章的学习与示例项目的演示，验证了我们本章学习的所有知识，希望大家能够全部掌握，为后续的学习打下基础。

本章代码地址：https://github.com/thinkphp5-inaction/config-demo。

第 3 章 路 由

ThinkPHP 5 采用的默认规则是 PATHINFO 模式，也就是如下的 URL 形式：

```
http://server/module/controller/action/param/value/
```

与 ThinkPHP 3 最大的不同是 ThinkPHP 5 的路由更加灵活，支持路由到模块的控制器/操作、控制器类的方法、闭包函数和重定向地址，甚至是任何类库的方法。

需要注意的是，ThinkPHP 5 的路由是针对应用而不是模块，所以路由是针对某个应用下的所有模块。如果需要按照模块定义路由，就需要自定义如下入口文件：

```php
<?php

define('APP_PATH', __DIR__ . '/../application/');
require __DIR__ . '/../thinkphp/base.php';
// 绑定当前入口文件到 home 模块，并关闭 home 模块的路由
\think\Route::bind('home');
\think\App::route(false);

\think\App::run()->send();
```

3.1 路由模式

ThinkPHP 5 的路由通过 url_route_on 和 url_route_must 来控制路由行为。根据这两个配置，存在三种路由模式：普通模式、混合模式和强制模式。

3.1.1 普通模式

禁用路由，系统按照 PATHINFO 模式解析请求：

```
'url_route_on' => false,
```

3.1.2 混合模式

系统按照 PATHINFO 模式+路由定义解析请求：

```
'url_route_on'  => true,
'url_route_must'=> false,
```

若定义了路由，则执行路由，否则按照 PATHINFO 解析。

3.1.3 强制模式

该模式下所有请求必须设置路由，否则抛出异常：

```
'url_route_on'     => true,
'url_route_must'   => true,
```

3.2 路由定义

3.2.1 编码定义

顾名思义，就是使用硬编码的形式进行定义（区别于配置式定义）。一般路由定义在 application/route.php 文件中，注册形式如下：

```
Route::rule('路由表达式','路由地址','请求方法','路由条件','变量规则');
```

例如，下面的注册代码将会使访问 "/news/" 新闻 ID 的链接路由到 index 模块的 News 控制器的 read 方法：

```
Route::rule('news/:id','index/News/read');
```

由于 ThinkPHP 5 的路由是针对所有模块的，所以定义的时候需要加上模块名。

ThinkPHP 5 支持 GET、POST、PUT、DELETE 以及任意(*)请求方法定义。系统内置以下方法来简化路由定义：

```
Route::get('news/:id','News/read'); // GET
Route::post('news/:id','News/update'); // POST
Route::put('news/:id','News/update'); // PUT
Route::delete('news/:id','News/delete'); // DELETE
Route::any('new/:id','News/read');  //任意请求方法
```

如果一个路由可以同时支持多种请求方法，可以使用 "|" 符号，意思和 "或" 一致。例如，有如下定义：

```
Route::rule('news/:id','index/News/read', 'GET|POST');
```

则该路由允许 POST 和 GET 请求方法访问。

3.2.2 配置定义

通过返回数组来定义路由，而且可以批量定义，简化代码编写量。该定义方式和 ThinkPHP 3 很相似，但是不支持正则定义。例如：

```php
<?php
return [
// 首页路由到 index 模块 index 控制器的 index 方法
'/' => 'index/index/index',
'news/:id' => 'index/News/read', // 变量定义
'news/[:id]' => 'index/news/read', // 可选变量定义
'news/:id$' => 'index/news/read', // 完全匹配
'user/:id' => 'index/user/show?status=1', // 传递隐式参数
// 限制变量类型
'post/:id'=> ['index/post/show',['ext'=>'html'],['id'=>'\d{4}']],
];
```

3.3 路由条件

路由条件的意思是即使当前的 URL 满足了路由定义的地址，也可以通过控制路由条件来决定允许/拒绝该请求，提升了路由的灵活性。

可用的路由参数如表 3-1 所示。

表 3-1 路由参数

名称	类型	说明
method	string	请求方法，支持|符号匹配多个
ext	string	允许的 URL 后缀，支持|符号匹配多个
deny_ext	string	禁止的 URL 后缀，支持|符号匹配多个
https	bool	允许/拒绝 https 请求
domain	string	允许的域名
before_behavior	function	前置行为检测，返回 bool 值来决定是否允许
callback	function	自定义函数检测，返回 bool 值来决定是否允许
merge_extra_vars	bool	合并额外参数
bind_model	array	绑定模型

（续表）

名称	类型	说明
cache	integer	对当前路由缓存指定的秒数
param_depr	string	路由参数分隔符
ajax	bool	允许/禁止 ajax 请求
pjax	bool	允许/禁止 pjax 请求

示例：

```
'news/:id' => [
    'news/show/:name$',
    [
        // 只允许 GET 或 POST
        'method' => 'get|post',
        // 只允许 shtml 后缀
        'ext' => 'shtml',
        // 不允许 shtml 后缀
        'deny_ext' => 'shtml',
        // 只允许 https
        'https' => true,
        // 只允许指定域名
        'domain' => 'www.example.com',
        // 调用 index 模块的 before 行为，根据返回值决定允许/拒绝
        'before_behavior' => 'app\index\behavior\before',
        // 根据函数返回值来决定允许/拒绝
        'callback' => function () {
            return true;
        },
        // 合并额外参数，如访问/news/show/a/b/c,则得到的 name 为 a/b/c
        'merge_extra_vars' => true,
        // 加 name 绑定到 User 模型的 name 属性
        'bind_model' => ['User', 'name'],
        // 缓存当前路由半小时
        'cache' => 1800,
        // 使用///作为参数分隔符而不是默认的/
        'param_depr' => '///',
        // 只允许 ajax 请求
        'ajax' => true,
        // 只允许 pjax 请求
        'pjax' => true,
```

```
        ]
    ]
```

3.4 路由地址

路由地址就是路由匹配成功之后需要执行的操作。ThinkPHP 5 支持以下几种方式：

- 路由到模块/控制器
- 重定向
- 路由到控制器方法
- 路由到类静态方法
- 路由到闭包函数

3.4.1 路由到模块/控制器

```
'news/:id' => 'index/news/read'
```

控制器定义如下：

```
<?php
namespace app\index\controller;

class News {
    public function read($id) {
        echo '当前显示'.$id.'的新闻';
    }
}
```

控制器支持无限级设置，例如下面的路由定义将会执行 app\index\controller\site\news 控制器的 read 方法：

```
'news/:id' => 'index/site.news/read'
```

3.4.2 重定向

重定向和路由的区别是，重定向会在浏览器中产生一次 301 或 302 响应，而路由是浏览器无感知的。

重定向以"/"（站内，请特别注意不要忘记斜杠）或"http"或"https"开始，站内跳转如下：

```
'news/:id' => '/news/show/:id.html'
```

访问/news/id 链接时，浏览器将会产生 301 响应，跳转到/news/show/id.html 地址。

站外跳转如下：

```
'news/:id' => 'http://www.example.com/news/:id.html'
```

3.4.3 路由到控制器方法

这种方式看起来似乎和第一种是一样的，但是不需要去解析模块/控制器/操作，同时也不会去初始化模块。例如，下面的定义将会执行 index 模块的 news 控制器的 read 方法：

```
'news/:id' => '@index/news/read'
```

由于是直接路由到控制器方法，因此获取当前模块名、控制器名、操作名会报错，因为 ThinkPHP 没有初始化这些变量。

3.4.4 路由到类静态方法

此类路由支持任何类的静态方法，包括控制器。例如，下面的定义将会路由到 index 模块中 News 控制器的静态 read 方法：

```
'news/:id' => 'app\index\controller\News::read'
```

3.4.5 路由到闭包

此类路由直接在 application/route.php 中定义，典型的例子如下：

```
Route::get('news/:id',function($id){
    return '访问'.$id.'的新闻';
});
```

3.5 Restful 路由

3.5.1 普通资源

Restful 路由的核心是通过标准 HTTP 方法来操作/获取数据，所以设计路由的时候尽量以请求资源为核心。

ThinkPHP 5 对 Restful 路由的支持比较完善，通过以下两种方式都可以定义 Restful 路由：

（1）编码定义

```
Route::resource('news','index/news');
```

（2）配置定义

```
return [
    // 定义 Restful 路由
```

```
    '__rest__'=>[
        // 指向 index 模块的 news 控制器
        'news'=>'index/news',
    ],
    // 定义普通路由
    'user/:id' => 'index/user/show',
]
```

以 news 资源为例，ThinkPHP 5 会自动注册 7 个路由规则，对应控制器不同的操作方法，如表 3-2 所示。

表 3-2　路由规则说明

路由规则	请求方法	路由地址	说明
news	GET	index	新闻列表
news/create	GET	create	返回表单，真正面向资源接口不会使用到
news	POST	save	创建新闻
news/:id	GET	read	读取一篇新闻
news/:id/edit	GET	edit	返回表单，真正面向资源接口不会使用到
news/:id	PUT	update	编辑新闻
news/:id	DELETE	delete	删除新闻

需要注意的是，Restful 标准中一般有以下几种请求：

- GET：获取单个资源或资源列表，返回单个 JSON 或列表 JSON。
- POST：创建资源，返回创建后的 JSON。
- PUT：编辑资源，返回编辑后的 JSON。
- DELETE：删除资源，返回 204 状态码和空响应体。

对资源路由设计有深入兴趣的读者可以学习慕课网上的视频《Restful API 实战》（https://www.imooc.com/learn/811）。

3.5.2　嵌套资源

有时候资源是有上下级关系的，比如新闻的评论依赖于新闻，这时就需要用到嵌套路由定义。ThinkPHP 5 对此也是支持的，例如：

```
return [
    // 定义 Restful 路由
    '__rest__'=>[
```

```
            // 指向 index 模块的 news 控制器
            'news'=>'index/news',
            'news.comment' => 'index/comment'
        ],
        // 定义普通路由
        'user/:id' => 'index/user/show',
    ]
```

3.6 路由分组

如果同一个控制器的操作很多，在需要定义多个路由的情况下，可以将此类路由合并到一个分组，提高路由匹配效率。

- 启用路由分组之前的定义：

```
'news/:id' => ['index/news/show',['method'=>'get']],
'news/post/:id' => ['index/news/post',['method'=>'post']]
```

- 启用路由分组之后的定义：

```
'[news]' => [
    ':id' => ['index/news/show',['method'=>'get']],
    'post/:id' => ['index/news/post',['method'=>'post']]
]
```

在路由比较多的时候可以适当地采取该方式定义路由。

当分组访问到不存在的路由，例如定义了 news 分组但是没有定义 delete 方法，这时可以给 news 分组新增一个 __miss__ 路由来捕获此类访问。

3.7 全局 404 路由

与分组路由 404 类似，全局 404 路由也用来处理访问路由不存在的情况，不过作用域大一些，会捕获该应用所有的 404。例如：

```
'news/id'=>['index/news/show','method'=>'get'],
'__miss__' => 'index/index/notfound'
```

当访问到 404 时，系统将会执行 index 控制器的 notfound 方法。

3.8 路由绑定

如果当前入口文件只需要使用 index 这个模块，就可以绑定路由来简化路由定义，否则每次都需要在路由地址声明完整路径（包括模块名）。

在入口文件中使用以下代码即可完成绑定：

```
Route::bind('index');
```

绑定之后可以简化路由定义，例如以下代码就省略了 index 这个模块名：

```
'news/:id' => 'news/show'
```

3.9 URL 生成

由于路由模式是可以动态设置的，而程序中用到的链接一般不可以动态设置，因此需要用系统提供的方法生成 URL。该方法可以适配当前的路由配置，如果直接写死链接，就会对系统的迁移不友好。

可以使用 Url::build 方法或者 url 函数生成路由，原型如下：

```
url(路由地址,参数,伪静态后缀,是否加上域名);
```

比如需要生成不带域名且后缀为 html 的新闻链接，可以使用如下代码：

```
url('news/show',['id'=>1],'html');
```

最终生成的地址为/news/1.html（使用 3.8 节的路由定义）。

3.10 小结

路由和控制器可以说是一个应用的大门，如何设计一个美观且有利于 SEO 的路由值得每个读者去研究。本章的示例项目将放到第 4 章中一起演示。

第 4 章 控制器

控制器是 MVC 模式中非常重要的一环，也可以说是最重要的一环，处在 V 和 M 之间充当协调的角色。与 ThinkPHP 3 不同，ThinkPHP 5 的控制器并不强制要求继承系统的 Controller 类，因此使得开发更加灵活。

4.1 定义

最简单的控制器定义如下（application/index/controller/Index.php）：

```
namespace app\index\controller;

class Index
{
    public function index()
    {
        return 'index';
    }
}
```

完整的访问地址为 http://domain/index/index/index。

4.2 输出响应

与 ThinkPHP 3 不同，ThinkPHP 5 的响应都使用 return 语句返回，不再使用 echo 语句。当然，echo 语句也是可以工作的，但是不推荐。

例如，下面的代码输出系统常用的响应格式：

```
<?php
namespace app\index\controller;
class Index
{
```

```
    public function hello()
    {
        return 'hello,world!';
    }

    public function json()
    {
        return json_encode($data);
    }

    public function news()
    {
        return view();
    }
}
```

4.3 配置响应格式

系统默认的配置响应格式为 html。如果操作直接返回数组，那么系统会报错，此时需要定义 default_return_type 为 json 才会输出 json 格式。

4.4 初始化操作和前置操作

当控制器方法执行前需要执行某些操作（如检测登录）时可以使用初始化操作，和 ThinkPHP 3 一样，方法名也是 _initialize。

如果需要更灵活的方法，可以使用前置操作，在控制器中定义一个 beforeActionList 数组即可，原型如下：

```
public $beforeActionList = [
'方法名(所有操作都会执行本方法)',
'方法名（数组内的操作不执行本方法）'=>['except'=>'action1,action2'],
'方法名（数组内的操作才执行）'=>['only'=>'action1,action2']
];
```

4.5 跳转和重定向

如果需要在跳转 URL 前给用户一些提示信息，可以使用 success 或 error 方法输出信息并跳转到指定链接，而重定向则直接发出 302 响应，页面上不会输出内容。

4.6 控制器嵌套

当应用很庞大的时候，需要分为子目录定义控制器，便于模块化开发（比如新闻中心和用户中心由两个同事开发，每人负责一个），也便于排查错误。ThinkPHP 5 使用嵌套控制器无须进行任何配置。

- application/index/controller/user/Wallet.php：

```
namespace app\index\controller\user;

class Wallet {
    public function index() {
        return '我是用户钱包首页';
    }
}
```

访问 http://domain/index/user/wallet/index 即可。

4.7 获取请求详情

某些场景下如果需要获取有关本次请求的相关信息，可以使用 ThinkPHP 5 提供的三种方法获取，建议读者采用第一种：

- Request::instance()
- request()函数
- 控制器方法依赖注入

如果需要开发一个后台，那么我们检测登录的方法中就需要获取当前请求的模块、控制器和操作，例如：

```
$request = Request::instance();
if($request->module()=='index'
&& $request->controller=='User'
```

```
        && $request->action=='login') {
        // 当前访问的是登录方法
} else {
        // 当前访问的是非登录方法,需要进行登录验证
}
```

4.8 获取输入数据

ThinkPHP 5 对 PHP 的原始输入做了包装,添加了过滤来保证输入数据的合法性。ThinkPHP 5 使用请求实例的 param 等方法来获取输入的数据。所有获取方法如表 4-1 所示。

表 4-1 获取输入数据的方法

方法	说明
param	当前请求类型的参数、PATHINFO 变量和$_GET
get	从$_GET 中获取
post	从$_POST 获取
put	获取 PUT 数据
delete	获取 DELETE 数据
session	从$_SESSION 中获取
cookie	从$_COOKIE 中获取
request	从$_REQUEST 中获取
server	从$_SERVER 中获取
env	从$_ENV 中获取
route	从路由中获取
file	从$_FILES 中获取
header	获取 Header 变量

代码示例:

```
$request = Request::instance();
// 获取 name
$name = $request->param('name');
```

```
// 获取所有请求数据（经过过滤）
$all = $request->param();
// 获取所有数据（不经过过滤）
$all = $request->param(false);
// 获取 get
$name = $request->get('name');
// 获取所有 get 数据（经过过滤）
$all = $request->get();
// 获取所有 get 数据（不经过过滤）
$all = $request->get(false);
//其他类似
```

4.8.1 数据过滤方法

全局的过滤方法为 default_filter 配置，每个函数名之间以半角逗号分隔。

非全局的过滤方法是在调用数据获取方法时传入的，代码如下：

```
Request::instance()->get('name','','htmlspecialchars,strip_tags');
```

4.8.2 获取部分数据

使用 Request 实例的 only 方法可以获取部分需要的数据，代码如下：

```
Request::instance()->only(['id','name']);
```

4.8.3 排除部分数据

与上面的操作相反，有时我们需要排除敏感数据的输入，这时可以使用 Request 实例的 except 方法，代码如下：

```
Request::instance()->except(['password']);//排除密码字段的输入
```

4.8.4 数据类型处理

由于外部传入的数据是字符串型（JSON 除外），因此如果需要在程序中处理数据类型相关的业务就不得不手动进行转换。实际上，框架已经帮我们想到了，使用数据类型修饰符可以在获取的时候转换完成了。

```
Request::instance()->param('name/s'); // 字符串型
Request::instance()->param('age/d');  // 整数型
Request::instance()->param('agree/b'); // 布尔型
Request::instance()->param('percent/f'); // 浮点型
Request::instance()->param('list/a'); // 数组
```

4.9 参数绑定

将路由中匹配的变量作为控制器方法的参数传入即为参数绑定。

例如下面的示例链接：

```
http://localhost/index/news/show/id/10
```

以及下面的示例控制器代码：

```php
<?php
namespace app\index\controller;

class News {
    public function show($id) {
        echo '当前显示'.$id.'的新闻';
    }
}
```

其中的$id 参数就是框架自动绑定好的。

4.10 页面缓存

接触过 CMS 的读者对于页面缓存应该不陌生，大流量的网站页面一般直接生成静态文件或者使用页面缓存来降低服务器负载。ThinkPHP 5 默认提供的是后者，开启页面缓存其实只需要在路由文件中指定即可。

例如，下列代码可使访问新闻详情时缓存 10 秒：

```
'post/:id' => ['index/post/show', ['cache' => 10]],
```

在浏览器中访问 http://localhost/post/1 时，会延迟 10 秒才更新界面，证明缓存生效。

4.11 小结

本章的内容就介绍到这里。作为 MVC 三层架构中的中间层，Controller 担任的职责是非常重要的：上要接收请求参数，进行参数校验、过滤等操作；下要承载 Model 的输出结构，返回给请求端。建议各位读者将本章的示例代码都尽量手打一遍，以加深印象。

本章代码地址：https://github.com/thinkphp5-inaction/controller-example。

第 5 章
数据库操作层

作为 MVC 中三大组成部分之一的模型层，重要程度不言而喻，无论是最终数据的持久化或者说业务逻辑组织，都是由 model 层来完成的。需要说明的是本书中的数据库操作层也叫 DAO（Data Access Object）层，只用来进行底层数据库操作（如增删改查），并不涉及业务上的处理。DAO 层的出现有利于将业务逻辑和底层数据库操作分离，便于代码解耦以及后期维护。而模型层是相对比较高级的一层，通过将数据库字段映射为 PHP 的类属性来实现，使用模型操作数据库时，其实并不需要写 SQL 相关的代码，一般当作普通对象实例化操作即可，可以屏蔽底层数据库的差异，让数据库操作像类操作一样简单易用。

ThinkPHP 5 中的数据库操作层实现大致和 ThinkPHP 3.2 一致，基于驱动类设计，可以在不更改代码的情况下平滑切换数据库，不得不说，这一点做的确实精彩！开发应用时刚开始可能会直接使用 MySQL 数据库，待项目做大之后可能就会考虑 SQLServer、Oracle 之类的数据库了，这时直接修改配置即可切换数据库，是不是很方便呢？

5.1 数据库配置

ThinkPHP 5 中数据库配置支持方式比较多，本书只列举两种常用的，防止读者在实际应用中不知道该如何选择何种配置。

- database.php 定义

database.php 默认在 application/database.php 文件中，推荐配置如下：

```
return [
    // 数据库类型
    'type'            => 'mysql',
    // 服务器地址
    'hostname'        => '127.0.0.1',
    // 数据库名
    'database'        => 'thinkphp',
    // 用户名
    'username'        => 'root',
    // 密码
```

```
    'password'        => 'root',
    // 端口
    'hostport'        => 3306,
    // 连接 dsn
    'dsn'             => '',
    // 数据库连接参数
    'params'          => [
        PDO::ATTR_EMULATE_PREPARES => 0,
        PDO::ATTR_ERRMODE          => PDO::ERRMODE_EXCEPTION
    ],
    // 数据库编码默认采用 utf8
    'charset'         => 'utf8mb4',
    // 数据库表前缀
    'prefix'          => 'think_',
    // 数据库调试模式
    'debug'           => true,
    // 数据库部署方式:0 集中式(单一服务器),1 分布式(主从服务器)
    'deploy'          => 0,
    // 数据库读写是否分离主从式有效
    'rw_separate'     => false,
    // 读写分离后主服务器数量
    'master_num'      => 1,
    // 指定从服务器序号
    'slave_no'        => '',
    // 自动读取主库数据
    'read_master'     => false,
    // 是否严格检查字段是否存在
    'fields_strict'   => true,
    // 数据集返回类型
    'resultset_type'  => 'array',
    // 自动写入时间戳字段
    'auto_timestamp'  => false,
    // 时间字段取出后的默认时间格式
    'datetime_format' => 'Y-m-d H:i:s',
    // 是否需要进行 SQL 性能分析
    'sql_explain'     => false,
];
```

- 模型定义

有时候应用开发中会使用到多个数据库，这时如果手动选择数据库实际上是不太方便的，好在 ThinkPHP 5 允许我们在模型声明中指定数据库连接，比如有如下模型：

```
class User extends Model {
```

```
    protected $connection = 'user';
}
```

当我们在使用 User 模型时,系统会自动读取 user 连接定义来连接数据库。

5.2 基本操作

数据库操作离不开 CURD(Create/Update/Read/Delete,俗称增删改查)。ThinkPHP 5 的 DAO 基本操作如下:

上文中提到过 DAO 层是相对比较底层的,所以需要手写 SQL。ThinkPHP 5 中 Db 类负责底层 SQL 操作,该类会自动读取默认的数据库连接信息,当然你也可以手动指定数据库配置来在特定数据库执行 SQL 语句。

(1)添加数据

```
Db::execute('INSERT INTO user (username, password) VALUES (?,?)',['admin',md5('111111')]);
```

(2)更新数据

```
Db::execute(`UPDATE user SET password=? WHERE username=?`,[md5('123456'),'admin']);
```

(3)删除数据

```
Db::execute('DELETE FROM user WHERE username=?',['admin']);
```

(4)查找数据

```
Db::query('SELECT * FROM user WHERE username=?',['admin']);
```

在上面的示例中,不知道各位读者有没有发现不同?其实数据库操作主要有两种:数据操作和数据查询。这两种操作的返回结果是不同的,数据查询中返回的是数据列表,而数据操作中返回的是受影响行数,所以在使用时需要区分 execute 和 query。

SQL 语句中的"?"是占位符,是为了解决 SQL 注入问题而出现的,早期 PHP 开发者使用 mysql_系列函数操作数据库时都是手写 SQL,有极大的安全风险。而使用 SQL 占位符之后可以规避这种风险,使用也很简单,"?"的顺序和后面数组参数的顺序一一对应。

(5)在特定数据库指定操作

上文中提到了 Db 类使用默认的数据库连接来操作,而如果想使用其他库的话需要传入到 config 方法中,代码如下:

```
Db::config($connection)->query('SELECT * FROM user');
```

5.3 使用查询构造器

在 5.2 节的内容中演示了如何通过原生 SQL 操作数据库，在实际的开发过程中，这种操作用得比较少，原因是手写原生 SQL 不太方便，容易写错，而 ThinkPHP 5 为了方便开发者提供了查询构造器。

查询构造器使用 Builder（建造者模式，设计模式的一种）设计，而建造者模式最大的特点就是支持链式调用。如下示例就是链式操作的一种：

```
A::b()->c()->d();
```

其实实现起来也不难，只要在 b/c/d 方法执行结束后 return 当前类实例即可。

查询构造器的基本使用（以 CURD 为例）在后面介绍。

5.3.1 添加数据

- 添加一条数据

```
Db::table('user')->insert(['username'=>'admin','password'=>md5('111111')]);
```

- 添加多条数据

```
Db::table('user')->insertAll([
    ['username'=>'admin','password'=>md5('111111')],
    ['username'=>'admin1','password'=>md5('123456')]
]);
```

5.3.2 更新数据

- 根据指定条件更新数据

```
Db::table('user')->where('username','admin')->update(['password'=>md5('123456')]);
```

- 待更新数据中包含主键更新数据

```
Db::table('user')->update(['admin_id'=>1,'password'=>md5('123456')]);
```

- 更新指定字段

```
Db::table('user')->where('username','admin')->setField('password',md5('111111'));
```

- 自增一个字段（比如文章增加点击量）

```
Db::table('article')->where('article_id',1)->setInc('hit',1);
```

- 自减一个变量（比如扣除库存）

```
Db::table('user')->where('goods_Id',1)->setDec('stock',1);
```

5.3.3 查询数据

- 查询一条数据

```
Db::table('user')->where('username','admin')->find();
```

- 查询多条数据

```
Db::table('user')->where('sex','male')->select();
```

- 查询指定记录的某个字段值

```
Db::table('user')->where('username','admin')->value('last_login');
```

- 查询某一列数据

```
Db::table('user')->where('sex','male')->column('user_id');
```

- 批量查询

当数据库数据比较多而服务器内存有限制时可以使用，通过循环来降低资源占用：

```
Db::table('user')->where('sex','male')->chunk(100,function($users){
    print_r($users);
},'user_id','desc');
```

- JSON 查询

MySQL5.7 中新增了 JSON 类型，作用和 MongoDB 类似，可以存储非结构化数据。ThinkPHP 5 同样也支持 JSON 类型的查询中。在如下示例中，params 为 JSON 类型：

```
Db::table('user')->where('params$.phone','13333333333')->find();
```

请注意 params 后的$号。

5.3.4 删除数据

- 根据主键删除

```
Db::table('user')->delete([1,2,3]);
```

- 根据 where 删除

```
Db::table('user')->where('username','admin')->delete();
```

5.4 查询语法

5.4.1 查询表达式和查询方法

大部分数据操作中都会应用到查询,不管是 Select、Update 还是 Delete。Update 或 Delete 需要更新或删除指定条件的行。ThinkPHP 为我们提供了强大而又简便的查询语法。

查询语法由查询表达式以及查询方法组成,比如:

```
Db::table('user')->where('username','admin')->where('created_at','>',1500000000);
```

可以看到 username='admin'和 created_at > 1500000000 为查询表达式。两个表达式通过 AND 连接,表示两个条件必须同时满足才会被查询到。

ThinkPHP 提供了 where 和 whereOr 来进行查询表达式的连接,where 通过 AND 连接,whereOr 通过 OR 连接。

ThinkPHP 的查询表达式基本是 SQL 标准表达式,与 SQL 对应关系如表 5-1 所示。

表 5-1 ThinkPHP 查询表达式

ThinkPHP 表达式	SQL 表达式	说明
=	=	等于
<>	<>	不等于
>	>	大于
>=	>=	大于等于
<	<	小于
<=	<=	小于等于
between/not between	between/not between	区间查询
in/not in	in/not in	列表查询
null/not null	is null/is not null	NULL 查询
exists/not exists	is exists/is not exists	存在性查询
like	like	模糊查询
exp	-	表达式查询(ThinkPHP 特有)

where 和 whereOr 接收 3 个参数，其中第 3 个为可选参数。

当传入 2 个参数时，如下代码所示：

```
where('username','admin');
```

可以理解为 username='admin'。

当传入的第 2 个参数为 null 时，如下代码所示：

```
where('username',null);
```

可以理解为 username is null。注意，MySQL 没有字段名=null 这种语法。

当传入 3 个参数时，如下代码所示：

```
where('age','>',18);
```

可以理解为 age > 18。

可以看到传入 2 个参数时实际上操作符为=/is（null/exists 等操作符）。

5.4.2 查询表达式示例

本节只简单介绍一下复杂一点的表达式，简单的操作符各位读者可以对照表格测试。

- between

```
where('age','between',[18,24]);
```

查询年龄从 18（含）到 24（含）的数据。

- in

```
where('role','in',['admin','super_admin']);
```

查询管理员和超级管理员角色。

- like

```
where('name','like','%张三%');
```

查询姓名包含'张三'的数据。

- exp

```
where('age','exp','between 18 and 24');
```

查询年龄从 18（含）到 24（含）的数据，表达式查询可以应对复杂情况下的查询，但使用时需要小心，容易发生 SQL 注入风险。

5.5 连贯操作

当你看到如下代码是否会感到很神奇呢？

```
Db::table('user')->field('id,username')->where('username','admin')->order('id desc')->limit(10)->select();
```

这个在 ThinkPHP 中被称为连贯操作，在执行最后的方法前之间的方法都可以继续调用查询方法。实现原理其实很简单：

```
class Db {
    field() {
        // ... 选择字段
        return $this;
    }
    where() {
        // ...查询条件
        return $this;
    }
}
```

可以看到每个连贯方法返回的都是$this 对象，保证了后续调用，有兴趣的读者可以将这个模式应用到其他开发活动当中。该模式在设计模式中被称为建造者模式。

ThinkPHP 支持的连贯操作如表 5-2 所示。

表 5-2　ThinkPHP 支持的连贯操作

操作名	说明
table	指定要操作的数据表名称
alias	给数据表定义别名
field	查询指定字段，可多次调用
order/orderRaw	查询结果排序，可多次调用
limit	限定结果集长度
group	分组查询
having	筛选结果集
join	关联查询，可多次调用
union	联合查询，可多次调用

（续表）

操作名	说明
view	视图查询
distinct	查询非重复数据
relation	关联查询，可多次调用
page	分页查询（框架实现，非 SQL 语法）
lock	数据库锁
cache	缓存查询（框架实现，非 SQL 语法）
with	关联查询预处理，可多次调用
bind	数据绑定，一般配合占位符
strict	是否严格检测字段名存在性
master	读写分离环境下从主服务器读取数据
failException	未查询到数据时是否抛出异常
partition	数据库分表查询（框架实现，非 SQL 语法）

5.6 连贯操作示例

5.6.1 table

- 一般使用

```
Db::table('user')->find();
// SELECT * FROM `user` LIMIT 1;
```

- 使用表前缀（假设表前缀为 think_）

```
Db::table('__USER__')->find();
// SELECT * FROM `think_user` LIMIT 1;
```

- 指定数据库名

```
Db::table('think.user')->find();
// SELECT * FROM `think`.`user` LIMIT 1;
```

5.6.2 alias

```
Db::table('__USER__')->alias(['think_user'=>'user','think_post'=>'post'])->join(['think_user'=>'user'],'post.user_id=user.user_id')->select();
// SELECT * FROM `think_user` `user` INNER JOIN `think_post` `post` ON `post`.`user_id`=`user`.`user_id`
```

5.6.3 field

- 一般使用

```
Db::table('user')->field(['username','password'])->find();
// SELECT `username`,`password` FROM `user` LIMIT 1;
```

- 字段别名

```
Db::table('user')->field(['nickname'=>'realname'])->find();
// SELECT `nickname` as `realname` FROM `user` LIMIT 1;
```

- 使用 SQL 表达式（一般用于统计查询，当然，所有 SQL 表达式都支持）

```
Db::table('user')->field(['SUM(amount)'=>'amount'])->find();
// SELECT SUM(`amount`) as `amount` FROM `user` LIMIT 1;
```

- 查询字段排除（一般用来排除 TEXT 类型的大字段）

```
Db::table('article')->field('content',true)->find();
// SELECT `article_id`,`title`,`desc` FROM `article` LIMIT 1;
```

- 安全写入

```
Db::table('user')->field(['email','phone'])->insert($data);
```

不管客户端提交什么样的数据，ThinkPHP 只会接收 email 和 phone 两个字段，防止修改其他敏感字段。

5.6.4 order/orderRaw

- 一般使用

```
Db::table('user')->order(['age'=>'desc','user_id'=>'desc'])->select();
// SELECT * FROM `user` ORDER BY `age` DESC, `user_id` DESC;
```

- 使用表达式（常见于乱序查询）

```
Db::table('user')->orderRaw('RAND()')->select();
// SELECT * FROM `user` ORDER BY RAND();
```

5.6.5 limit

- 一般使用

```
Db::table('user')->limit(10)->select();
// SELECT * FROM `user` LIMIT 10;
```

- 指定起始行

```
Db::table('user')->limit(100,100)->select();
// SELECT * FROM `user` LIMIT 100,100;
```

- 写入数据时限定

```
Db::table('user')->where('sex','female')->limit(1)->delete();
DELETE FROM `user` WHERE `sex`='female' LIMIT 1;
```

5.6.6 group

```
Db::table('exam')->field(['user_id','SUM(score)'=>'score'])->group('user_id')->select();
// SELECT `user_id`,SUM(`score`) `score` FROM `exam` GROUP BY `user_id`;
```

5.6.7 having

```
Db::table('exam')->field(['user_id','SUM(score)'=>'score'])->group('user_id')->having('score>=60')->select();
// SELECT `user_id`,SUM(`score`) `score` FROM `exam` GROUP BY `user_id` HAVING `score`>=60;
```

5.6.8 join

join 方法原型：

```
join($join [,$condition=null [, $type='INNER']])
```

type 支持 INNER/LEFT/RIGHT/FULL。

- 一般使用

```
Db::table('think_user')->join(['think_post','think_post.user_id=think_user.user_id'])->select();
// SELECT * FROM `think_user` INNERT JOIN `think_post` ON `think_post`.`user_id`=`think_user`.`user_id`;
```

- 多表关联

```
Db::table('think_user')->alias('user')->join([
['think_article article','article.user_id=user.user_id'],
['think_comment comment','comment.user_id=user.user_id']
])->select();
```

```
// SELECT * FROM `think_user` `user` INNER JOIN `think_article`
`article` ON `article`.`user_id`=`user`.`user_id` INNER JOIN
`think_comment` `comment` ON `comment`.`user_id`=`user`.`user_id`
```

5.6.9　union

- 字符串/数组方式

```
Db::table('user')->field(['name'])->union([
'SELECT name FROM user1',
'SELECT name FROM user2'
])->select();
// SELECT `name` FROM `user` UNION SELECT `name` FROM `user1` UNION SELECT `name` FROM `user2`;
```

- 闭包方（不了解闭包的可以查看 PHP 官方文档 http://www.php.net/manual/zh/functions.anonymous.php）

```
Db::table('user')->field(['name'])->union(function($query){
$query->table('user1')->field(['name']);
})->union(function($query){
$query->table('user2')->field(['name']);
})->select();
// SELECT `name` FROM `user` UNION SELECT `name` FROM `user1` UNION SELECT `name` FROM `user2`;
```

- union all 方式

```
Db::table('user')->field(['name'])->union(['SELECT name FROM user1', true])->select();
// SELECT `name` FROM `user` UNION ALL SELECT `name` FROM `user1` UNION SELECT `name` FROM `user2`;
```

5.6.10　distinct

```
Db::table('user')->distinct(true)->field(['username'])->select();
// SELECT DISTINCT `username` FROM `user`
```

5.6.11　page

page 是 ThinkPHP 框架实现的一个方法，用来简化 limit 方法的计算。

```
Db::table('user')->page(1,10)->select();
// SELECT * FROM `user` LIMIT 0,10
```

5.6.12　lock

为了保证高并发条件下数据写入一致性，SQL 提供了锁机制。锁可分为共享锁和独占锁，对于锁的说明有兴趣的读者可以在网上查阅相关资源。

```
Db::table('user')->where('user_id',1)->lock(true)->find();
// SELECT * FROM `user` WHERE `user_id`=1 FOR UPDATE
```

`FOR UPDATE` 是 MySQL 的锁语法，只有成功取得锁的客户端才能操作该数据。

lock 方法支持传入 SQL 表达式来满足一定特定环境下的锁要求：

```
Db::table('user')->where('user_id',1)->lock('lock in share mode')->find();
// SELECT * FROM `user` WHERE `user_id`=1 LOCK IN SHARE MODE
```

5.6.13 cache

由 ThinkPHP 框架实现的方法，在缓存有效期内直接返回缓存数据，多用于 CMS 系统内文章查询的缓存。

- 一般使用

```
Db::table('user')->cache(60)->find();
// 缓存一分钟
```

- 指定缓存 key（方便外部调用）

```
Db::table('user')->cache('tmp_user',60)->find();
Cache::get('tmp_user'); // 读取缓存
```

- 缓存清除（使用主键更新数据时无须指定缓存 key）

```
Db::table('user')->update(['user_id'=>1,'name'=>'demo']);
```

- 缓存清除（手动指定 key）

```
Db::table('user')->cache('tmp_user')->where('user_id',1)->update(['name'=>'demo']);
```

5.6.14 relation

将在关联模型中进行详细介绍，本节暂时略过。

以上操作符都是实际项目中非常常见的操作符，在连贯操作表格中出现的其他操作符在实际操作中用得比较少，有兴趣的读者可以参考官方文档。

5.7 查询事件与 SQL 调试

5.7.1 查询事件

ThinkPHP 5 新增部分，能够允许我们在执行数据库操作前后进行一些事件监听和操作。

- before_select
- before_find
- after_insert
- after_update
- after_delete

使用闭包来注册事件监听器：

```
Query::event('after_delete',function($options,$query){
// 数据删除后调用
});
```

5.7.2 SQL 调试

通过调用 Db::listen 方法来监听 SQL 语句、执行时间、explain 执行计划等。

```
Db::listen(function($sql,$time,$explain,$isMaster){
});
```

5.7.3 事务

当需要同时操作多表且需要保证其一致性时，需要使用事务操作。ThinkPHP 5 的事务操作也是基于闭包来操作的。

```
Db::transaction(function(){
Db::table('user')->insert($data);
Db::table('user_profile')->insert($otherData);
});
```

当闭包函数抛出异常时事务会自动回滚，无异常时事务自动提交，解决了以往手动捕获异常回滚事务的问题。

5.7.4 调用存储过程或函数

使用 Db::query 传入原生 SQL 查询即可，支持参数绑定，比如如下查询：

```
Db::query('call demo_query(?)',[1]);
```

当然在实际开发过程中不推荐存储过程，原因如下：

（1）不利于迁移（迁移数据时容易遗漏存储过程的迁移）。
（2）跨数据软件的兼容问题（每个 DBMS 支持的存储过程语法有差异性）。

第 6 章
模型层

模型层（Model）是对 DAO 层的上层包装，基于对象关系映射来使得数据库操作像对象操作一样简单方便。

6.1 模型定义

```
namespace app\index\model;

use think\Model;

class User extends Model {
protected $pk = 'user_id'; // 主键，框架默认自动识别，也可以手动指定
protected $table = 'think_user'; // 指定数据表
protected $connection = 'db2'; // 指定数据库连接
}
```

数据表识别规则，表前缀+大驼峰，遇到下划线时将首字母大写，示例如下：

（1）数据表前缀 think_

```
User: think_user
UserArticle: think_user_article
```

（2）数据表为空

```
User: user
UserArticle: user_article
```

接下来基于 CURD 来介绍采用模型的方式操作数据库。

6.2 插入数据

（1）对象方式

```
$user = new User();
```

```
$user->username = 'demo';
$user->password = md5('111111');
$user->email = 'demo@demo.com';
$user->created_at = time();
$user->save;
```

（2）数组方式

```
$user = new User();
$user->data([
    'username' => 'demo',
    'password' => md5('111111'),
    'created_at' => time()
]);
$user->save();
```

6.3 更新数据

（1）使用查询条件修改

```
$user = new User();
$user->save([
    'password' => md5('123456')
],[
    'username' => 'demo'
]);
```

（2）基于对象修改

```
$user = User::get(['username' => 'demo']);
$user->password = md5('111111');
$user->save();
```

6.4 批量更新（只支持主键）

```
$user = new User();
$user->saveAll([
    ['user_id' => 1, 'password' => md5('111111')],
    ['user_id' => 2, 'password' => md5('123456')]
]);
```

6.5 删除数据

（1）基于对象删除

```
$user = User::get(['username' => 'demo']);
$user->delete();
```

（2）基于主键删除

```
User::destroy(1); // 删除一个
User::destroy([1,2,3]); // 删除多个
```

（3）条件删除

```
User::where('user_id',1)->delete();
```

6.6 查询数据

（1）主键查询

```
$user = User::get(1);
```

（2）指定字段查询（数组方式）

```
$user = User::get(['username' => 'demo']);
```

（3）where 查询（类似 ThinkPHP 3.2）

```
$user = User::where('user_id',1)->find();
```

（4）闭包查询

```
$user = User::get(function($q){
    $q->where('user_id',1);
});
```

（5）指定字段查询（通过 PHP 魔术方法自动识别字段）

```
$user = User::geByUsername('demo');
```

6.7 批量查询

（1）基于主键的批量查询

```
$users = User::get([1,2,3]);
```

（2）基于字段的批量查询

```
$users = User::get(['sex' => 'female']);
```

（3）基于条件的查询

```
$users = User::where('sex','female')
->page(1,10)
->order(['user_id'=>'desc'])
->select();
```

6.8 聚合查询

ThinkPHP 5 目前支持 count/max/min/avg/sum 聚合查询，下面演示其中一种：

```
$avgScore = Score::where('score','>=',60)->avg('score');
// 计算及格人的平均分
```

6.9 get/set

get/set 方法用来覆盖 ThinkPHP 5 处理动态字段的方法，比如数据库有 username 字段但是模型类并没有定义 username 属性，然而我们可以使用$user->username 这种代码，实际上就是 ThinkPHP 5 接管了 PHP 的魔术方法__get 和__set。

get 方法声明如下：

```
get 属性名 Attr($value,$data);
// $value 为当前属性的值，也就是$data[属性名]
// $data 为当前模型对应的数据数组
// 当属性名不存在时，忽略$value，直接从$data 取值即可
```

如下代码声明一个状态说明属性（数据库只有 status）：

```
namespace app\index\model;

use think\User;

class User extends Model {
    public function getStatusDesc($value, $data) {
        return [0=>'正常',-1=>'被封禁'][$data['status']];
    }
}
```

```
echo $user->status_desc;
```

（1）获取所有读取器的值

读取器可以让我们在读取到原始数据之后进行进一步处理再返回给调用层。单个属性的读取是惰性求值（访问时才调用读取器方法，刚从数据库查出来不会主动调用）。如果需要读取所有读取器的值，需要使用 toArray 方法。例如（接上例）：

```
print_r($user->toArray());
```

（2）获取所有数据库值

有个尴尬的事情是当我们使用了读取器后，某些情况下也需要访问数据库值，就需要使用到 getData 方法了。例如：

```
$status = $user->getData('status'); // 返回数据库中保存的 status 值
$data = $user->getData(); // 返回数据库该行记录的数组
```

set 方法声明与 get 类似：

```
public function set 属性名 Attr($value, $data);
```

但是 set 要求属性名存在于数据库中。

比如以下代码将提交的用户名首字母大写后再写入数据库：

```
public function setUsername($value, $data) {
    return ucwords($value);
}
```

6.10 自动时间戳处理

以往写入数据时时间戳都需要手动给字段赋值，而 ThinkPHP 5 已经自动帮你完成这一步，开发者只需要定义相关配置即可。

（1）配置文件方式。在 database.php 中添加：

```
'auto_timestamp' => true
```

（2）模型定义。在具体模型文件中添加：

```
'protected $autoWriteTimestamp = true;'
```

auto_timestamp 取值为 true/'datetime'/'timestamp'，分别对应 int/datetime/timestamp 数据库类型。

默认的时间戳字段为 create_time 和 update_time，像上文中的 created_at 字段需要在模型文件中做如下定义：

```
class User extends Model {
```

```
    protected $createTime = 'created_at';
    protected $updateTime = 'updated_at';
}
```

如果只需要 createTime 而不需要 updateTime 字段（适用于数据不更新的情况），那么将 $updateTime 属性置为 false 即可。

需要注意的是，由于时间戳字段 ThinkPHP 5 内置了读取器，所以取值的时候会变成配置文件中 'datetime_format' 定义的格式，一般为 'Y-m-d H:i:s'，如果不需要该配置，将 'datetime_format' 配置为 false 即可。

6.11 只读字段

为了避免数据操作时更新到原本不该更新的字段，比如将用户表的用户名给更新了，需要使用到只读字段，很简单，在模型中定义 $readonly 即可。

```
class User extends Model {
    protected $readonly = ['username'];
}
```

6.12 软删除

该功能和 Laravel 的类似，通过在数据表中添加一个 deleted_at 的字段来标记删除，当值为 null 时该数据未删除，当值不为 null 时标记为删除时间来保护一些重要数据可以在需要的时候恢复。

使用方式与 Laravel 一致，基于 PHP 的 trait 实现，对于 PHP trait 不明白的读者可以查看官网文档（http://php.net/traits）。

```
class User extends Model {
    use SoftDelete;
    protected $deleteTime = 'deleted_at';
}
```

当我们调用 destroy 方法或者 delete 方法时默认就是软删除，如果需要硬删除（从数据库删掉），需要传入额外参数：

```
User::destroy([1,2,3],true);
$user = User::get(1);
$user->delete(true);
```

查询时默认不包括软删除数据，如果需要包含软删除数据，请使用如下查询：

```
User::withTrashed()->select();
User::withTrashed()->find();
```

只查询软删除数据：

```
User::onlyTrashed()->select();
User::onlyTrashed()->find();
```

6.13 自动完成

自动完成跟 ThinkPHP 3.2 相比变化不算太大，编码方式有变更而已，思路不变。ThinkPHP 5 依旧支持 auto/insert/update 三种场景，auto 包含 insert/update。

自动完成用来在模型保存的时候自动写入数据，与修改器不同的是，修改器需要手动赋值，只不过赋值的时候我们可以做一下处理，而自动完成不需要手动赋值。

自动完成的代码示例如下：

```
namespace app\index\model;

use think\Model;

class User extends Model {
    protected $auto = [];
    protected $insert = ['created_ip','created_ua'];
    protected $update = ['login_ip', 'login_at'];

    protected function setCreatedIpAttr() {
        return request()->ip();
    }

    protected function setCreatedUaAttr() {
        return request()->header('user-agent');
    }

    protected function setLoginIpAttr() {
        return request()->ip();
    }

    protected function setLoginAtAttr() {
        return time();
    }
}
```

在插入数据时系统会自动填充 created_ip 和 created_ua 字段，在更新数据时系统会自动填充 login_ip 和 login_at 字段。

自动完成和修改器的区别在于：修改器需要手动赋值，自动完成不需要！

6.14 数据类型自动转换

由于 PHP 是弱类型语言，因此容易引发一些问题，比如客户端提交的表单是数字，但是 PHP 接收到的是字符串，或者说客户端提交的是 JSON 数组，存储到数据库需要手动 json_encode 一下。ThinkPHP 5 的数据类型自动转化就是为了解决该问题而产生的，该功能同 Laravel 模型的 cast 相似，通过配置式的定义来替换硬编码。

ThinkPHP 5 支持的数据转换类型如表 6-1 所示（PDO:: ATTR_EMULATE_PREPARES 为 true 时数据库总会返回字符串形式的数据，哪怕字段定义是其他类型）。

表 6-1 ThinkPHP 5 支持的数据转换类型

ThinkPHP 类型	转换操作
integer	写入/读取时自动转换为整数型
float	写入/读取时自动转换为浮点型
boolean	写入/读取时自动转换为布尔型
array	写入时转换为 JSON，读取时转换为 array
object	写入时转换为 JSON，读取时转换为 stdClass
serialize	写入时调用 serialize 转换为字符串，读取时调用 unserialize 转换为转换前类型
json	写入时调用 json_encode，读取时调用 json_decode
timestamp	写入时调用 strtotime，读取时调用 date，格式默认为"Y-m-d H:i:s"，通过模型$dateFormat 属性自定义

自动类型转换示例如下：

```
namespace app\index\model;

use think\Model;

class User extends Model {
    protected $type = [
        'status' => 'integer',
        'balance' => 'float',
        'data' => 'json'
    ];
}
```

```
$user = new User();
$user->status = '1';
$user->balance = '1.2';
$user->data = ['name'=>1];
$user->save();
var_dump($user->status, $user->balance, $user->data);
// int(1) float(1.2) array(size=1) 'name'=>int(1)
```

6.15 快捷查询

模型层可以将常用的或者复杂的查询定义为快捷查询来提高代码复用率。快捷查询定义如下:

```
namespace app\index\model;

use think\Model;

class User extends Model {
    protected function scopeMale($query) {
        $query->where('sex','male');
    }

    protected function scopeAdult($query) {
        $query->where('age','>=',18);
    }
}
```

调用代码如下:

```
User::scope('male')->select(); // 查找所有男性
User::scope('adult')->select(); // 查找所有成年人
User::scope('adult,age')->select(); // 查找所有成年男性
```

6.16 全局查询条件

全局查询条件用来解决查询的数据需要有基础条件的情形,比如之前讲过的软删除就要求任何查询默认包含 deleted_at 为空的条件(手动查询被删除数据的除外)。这时就需要全局查询条件来解决问题,否则要在每个查询中手动添加一个 deleted_at 为空的查询条件。

全局查询条件代码和快捷查询类似,代码如下:

```
namespace app\index\model;
```

```
use think\Model;

class User extends Model {
    protected function base($query) {
        $query->where('deleted_at', null);
    }
}
```

之后使用任何 User 模型的查询都会自动添加 deleted_at 为空的约束,如果需要显示关闭该约束,可以使用如下代码:

```
User::useGlobalScope(false)->select(); // 关闭全局查询条件
User::useGlobalScope(true)->select();  // 开启全局查询条件
```

6.17 模型事件

模型事件是在通过模型写入数据时触发的事件,使用 DAO 层操作数据不会触发。ThinkPHP 5 支持的模型事件如下:

- before_insert: 插入前。
- after_insert: 插入后。
- before_update: 数据更新前。
- after_update: 数据更新后。
- before_write: 写入前。
- after_write: 写入后。
- before_delete: 删除前。
- after_delete: 删除后。

通过模型的静态方法 init 进行注册,注册代码如下:

```
namespace app\index\model;

use think\Model;

class User extends Model {
    protected function init() {
        User::beforeInsert(function($user){
            if($user->age<=0) {
                return false;
            }
            return true;
```

```
        });
    }
}
```

所有 before_*事件回调函数中返回 false，将导致后续代码不会继续执行！

6.18 关联模型

关系型数据库最重要的就是实体的划分以及关系的确定，好的关联关系可以让数据表减少冗余，加快查询速度。ThinkPHP 5 对关联模型的支持非常完善，可以让开发者使用很少的代码实现强大的关联功能。

关联关系有一对一、一对多、多对多。

6.18.1 一对一关联

一对一关联比较好理解，比如每个用户都会有一个钱包，那么用户和钱包之间就是一对一关系。

ThinkPHP 5 使用 hasOne 来定义一对一关联，hasOne 原型如下：

```
hasOne('模型类名','外键名','主键名','JOIN 类型='INNER'')
```

模型定义如下：

```
namespace app\index\model;

use think\Model;

class User extends Model {
    protected function wallet() {
        return $this->hasOne('Wallet','wallet_id','wallet_id');
    }
}
$user = User::get(1);
echo $user->wallet->balance; // 输出钱包余额
$user->wallet->save(['balance'=>1]);//保存钱包余额
```

6.18.2 一对一关联模型数据操作

使用关联模型后，数据保存也是关联式的，不用再手动进行关联数据保存。ThinkPHP 5 使用 together 方法进行关联数据的操作。

还是以上面的钱包为例：

- 新增数据

```
$user = new User();
$user->realname = 'demo';
$wallet = new Wallet();
$wallet->balance = 100;
$user->wallet = $wallet;
$user->together('wallet')->save();
```

- 更新数据

```
$user = User::get(1);
$user->realname = '姓名';
$user->wallet->balance = 200;
$user->together('wallet')->save();
```

- 删除数据

```
$user = User::get(1);
$user->together('wallet')->delete();
```

6.18.3 一对一从属关联

从属关联属于特殊的关联关系，钱包属于用户这种是一对一的，而文章从属于用户是多对一的，即多篇文章可以从属于一个用户。

ThinkPHP 使用 belongsTo 定义从属关系，belongsTo 原型如下：

belongsTo('模型类名','外键名','关联表主键名','join 类型='INNER'')

模型定义如下（默认外键是表名_id，如下例子外键默认为 *user_id*）：

```
namespace app\index\model;

use think\Model;

class Wallet extends Model {
    protected function user() {
        return $this->belongsTo('User');
    }
}
$wallet = Wallet::get(['user_id'=>1]);
echo $wallet->user->realname;// 打印钱包所有者姓名
```

6.18.4 一对多关联

一对多关联也比较常见，比如一个用户有多篇文章，每篇文章只可能属于一个用户。
ThinkPHP 5 通过 hasMany 定义一对多关联。hasMany 原型如下：

```
hasMany('模型类名','外键名','主键名');
```

示例代码如下：

```php
namespace app\index\model;

use think\Model;

class User extends Model {
    protected function articles(){
        return $this->hasMany('Article');
    }
}
$user = User::get(1);
print_r($user->articles); // 读取用户所有文章
print_r($user->articles()->where('pubdate',date('Y-m-d'))->select());// 查看当天该用户发布的文章
```

6.18.5 一对多关联模型数据操作

与一对一关联类似，需要先查询或者新建主模型，然后保存从属模型数据，示例代码如下：

```php
$user = User::get(1);
$user->articles()->save(['title'=>'demo']); // 单个保存
$user->articles()->saveAll([
    ['title'=>'demo1'],
    ['title'=>'demo2']
]);
```

6.18.6 一对多从属关联

一对多从属关联和一对一从属关联一致，这里不再举例说明，可以参考前面小节的例子。

6.18.7 多对多关联

多对多关联直接用语言表述可能有点难以理解，请看以下例子。

部门和员工的关系是一个部门可以有多个员工，一个员工也可以在多个部门（虽然现实中很少这样）。这时的数据表结构如下所示。

- 部门表（部门 ID，部门名称）
- 员工表（员工 ID，员工姓名）
- 员工所在部门表（员工 ID，部门 ID）

如果没有员工所在的部门表，那么这个多对多关联是无法实现的。假设员工表有个部门 ID，这时只能查到一个员工仅有的一个部门，与一个员工在多个部门的需求不符。

所以多对多的结论就是：两个模型通过中间表才能实现多对多关联。明白了这个，接下来的内容就比较简单了。ThinkPHP 5 的多对多关联也是基于该理论设计的，只不过 ThinkPHP 5 使用的是中间模型，而上文使用的是中间表，原理是一致的。

ThinkPHP 5 使用 belongsToMany 方法来实现多对多定义，belongsToMany 方法原型如下：

belongsToMany('关联模型类','中间表|关联模型','外键','关联键');

比如上文中部门表（department）和员工（member）的关联代码如下：

```php
namespace app\index\model;

use think\Model;

class Department extends Model {
    public function members() {
        return $this->belongsToMany('Member','department_member','member_id','department_id');
    }
}
$department = Department::get(1); // 获取一个部门
print_r($department->members); // 读取该部门所有员工
foreach($department->members as $member) {
    print_r($member->pivot); // 获取中间表(department_member)数据
}
```

6.18.8　多对多模型数据操作

- 完全新增关联数据（中间表无数据，被关联表也无数据）

```php
$department = Department::get(1);
$department->members()->save(['name'=>'张三']);
$department->members()->saveAll([
    ['name'=>'张三'],
    ['name'=>'李四']
]);
```

- 被关联表有数据（比如有员工），中间表没数据（员工未关联到部门）

```php
$department = Department::get(1);
$department->members()->attach(1); // 将ID为1的员工关联到ID为1的部门
$department->members()->detach(1); // 将ID为1的员工取消部门ID为1的关联
$department->members()->attach([1,2,3]); // 批量关联到ID为1的部门
$department->members()->detach([1,2,3]); // 批量解除关联
```

6.18.9 多对多从属关联

在多对多关联关系中，关联表和被关联表地位一致，都是通过中间表关联对方，所以定义也类似。以上文中部门与员工为例，示例代码如下：

```
namespace app\index\model;

use think\Model;

class Member extends Model {
    public function departments() {
        return $this->belongsToMany('Department','department_member',
'department_id','member_id');
    }
}
```

数据操作代码类似，这里不再赘述。

6.18.10 不定类型关联模型

本小节标题可能一眼看不明白，不过没关系，还是那句话，抛开生硬的理论介绍，直接以举例开始。不用理会本小节标题，明白其中意思即可达到本小节学习的目的。

假设我们在设计一个支付系统，需要考虑的是支付通道往往是确定的，比如微信支付、支付宝支付、银联等，本例只考虑一种，以微信支付为例。

首先，系统有一张订单总表，所有与微信支付有关的订单数据都存放在这张表里，方便和微信支付对账（因为入口、出口统一，这就是支付网关的一个作用）。但是我们系统可能有很多类型的订单，比如购买商城物品、购买会员服务等。总订单表就需要一个类型字段来指明该订单具体是什么类型以及对应类型的表标识键数据。以下是示例的表结构：

- 总订单表（订单 ID、订单类型、订单类型对应的 ID、订单名称、订单金额、下单时间、支付时间、微信支付数据等）
- 商城订单表（商城订单 ID、订单名称、订单金额、总订单表 ID）
- 会员服务表（会员 ID、VIP 登记、生效时间、到期时间、总订单表 ID）

当我们购买了商城订单时，总订单表会写入一条数据，订单类型为商城订单，订单类型对应的 ID 为商城订单 ID。

当我们购买了会员服务时，总订单表会写入一条数据，订单类型为会员服务，订单类型对应 ID 为会员 ID。

看到这里，相信有的读者应该明白了一点东西，那就是总订单每条记录关联的表是不定的，有时候是商城订单表，有时候是会员服务表。

本章节前面讲过的内容中关联表和被关联表都是确定的，每条记录关联的数据类型也是确定的，所以本小节名称才定为了不定类型关联模型。

以往查询这种数据都需要循环查询、效率极低，但是需求是要实现的，有时候只能牺牲性能保证需求，增加缓存不能从根本上解决问题。好在 ThinkPHP 5 已经为我们内置了这一种关联操作。

该关联分为一对一关联和一对多关联，上文中的商城订单为一对一关联（每个商城订单表在总订单表中只有一条记录），而像一般内容发布系统中评论和被评论内容就是一对多关联（一篇内容可以有多条评论）。

假设上文的总订单表为主表，商城订单和会员服务为副表，ThinkPHP 5 中副表使用 morphMany 和 morphOne 方法关联主表，主表使用 morphTo 声明关联键。

morphMany 方法原型如下：

```
morphMany('主模型','类型字段定义'[,'关联结果类型'])
```

- 主模型在本例中为总订单表，也就是 Order。
- 类型字段定义有两种方式：字符串（定义的字符串_type 为类型，定义的字符串_id 为类型对应的ID），数组（['类型字段','类型ID字段']）。
- 关联结果默认为从表对应模型，也可以使用其他模型类名。

morphOne 和 morphMany 原型类似。

morphTo 方法原型如下：

```
morphTo('类型字段定义'[,'类型与模型映射关系'])
```

- 类型字段定义需要与 morphMany 或 morphOne 中类型字段定义中相对应。
- 类型与模型映射关系在默认情况下，框架会使用副表模型名作为类型识别键，可以通过数组定义来覆盖配置。

以上面的订单系统为例，使用 ThinkPHP 5 的不定关联类型模型来实现：

```
// 定义商城订单对应的总订单
namespace app\index\model;

use think\Model;

class MallOrder extends Model {
    public function order() {
        return $this->morphOne('Order','item');
    }
}
```

根据上文中类型字段定义规则，示例代码使用的是字符串，那么主订单 order 表中 *item_type* 对应类型（商城订单类型），*item_id* 对应类型 ID（商城订单表 ID）。

```
// 定义主表模型类
namespace app\index\model;
```

```
use think\Model;

class Order extends Model {
    public function item() {
        return $this->morphTo('item',[
            'mall' => MallOrder::class,
            'vip' => VipOrder::class,
        ]);
    }
}
$mallOrder = MallOrder::get(1); // 读取商城订单
print_r($mallOrder->order); // 读取商城订单对应的总订单

$order = Order::get(1); // 读取总订单
print_r($order->item); // 读取具体类型订单, $order->item 有可能为商城订单模型, 有可能为会员服务订单模型, 取决于总订单中该数据的 item_type 字段
```

一对多使用与一对一类似，只不过副表需要使用 morphMany 来代替 morphOne。

6.18.11 关联数据一次查询优化

请看以下示例代码：

```
$users = User::where('user_id',[1,2,3])->select();
foreach($users as $user) {
    print_r($user->wallet);
}
```

答案是 4 次，第 1 次查询用户列表，然后循环 3 次读取用户钱包。

这样的代码效率是最低的，却是很多开发者喜欢用的，因为省事，否则需要提取所有的用户 ID 数组再额外查询一次，虽然减少了查询次数，但是逻辑复杂了一点。

为了解决该场景，ThinkPHP 5 提供了关联数据一次查询优化的功能，将原本需要开发者手动提取 ID 再查询关联表的操作封装起来。开发者只要多调用一个函数即可。

仍然以本节开头的内容为例，使用关联数据一次查询优化后的代码：

```
$users = User::with('wallet')
->where('user_id',[1,2,3])
->select();
foreach($users as $user) {
    print_r($user->wallet);
}
```

上面的代码改动不大，但是对于效率的提升是非常明显的，特别是数据量多的时候，由 N+1 次查询变为了 2 次查询。

with 函数可以通过传入数组的形式同时载入多个关联模型，也可以通过语法来载入嵌套数据。

```
// 提前加载用户资料和钱包数据
User::with(['profile','wallet'])->select([1,2,3]);
// 提前加载钱包数据和钱包对应流水记录
User::with('wallet.water')->select([1,2,3]);
// 提前加载钱包数据以及对应流水记录和钱包对应提现记录
User::with(['wallet'=>['water','withdrawal']])->select([1,2,3]);
```

第 7 章
◀ 视 图 ▶

MVC 架构的最后一个成员——视图登场。视图主要是为了展示数据以及与用户交互并收集交互数据上报到 Controller。不过随着近年来移动互联网的发展，很多服务端应用已经只返回交互数据的 JSON 或 XML，而不返回页面。

7.1 渲染方法

ThinkPHP 5 的模板输出方式和 ThinkPHP 3.2 类似，以下是控制器方法说明（需要继承 \think\Controller）：

- fetch：渲染模板并返回渲染结果。
- display：渲染模板并输出。
- assign：模板赋值。
- engine：设置模板引擎（ThinkPHP 5 支持 PHP 和 Think 模板引擎）。

如果当前控制器未继承 think\Controller，就需要使用 view 函数来输出内容。view 函数原型如下：

```
view('模板文件','模板数据','模板替换数据')
```

7.2 模板引擎配置

模板引擎配置在 config.php 的 template 键，如下是示例配置：

```
'template' => [
    'type' => 'Think', // 模板引擎
    'view_path' => './template/', // 模板目录
    'view_suffix' => 'html', // 模板文件扩展名
    'view_depr' => DS, // 模板文件分隔符
    'tpl_begin' => '{', // 模板引擎普通标签开始标记
```

```
        'tpl_end' => '}', // 模板引擎普通标签结束标记
        'taglib_begin' => '<', // 模板引擎标签库开始标记
        'taglib_end' => '>', // 模板引擎标签库结束标记
        'view_base' => 'views', // 全局视图根目录
   'view_replace_str' => [
        '__PUBLIC__' => '/public/',
        '__JS__' => '/public/js/'
    ]
]
```

7.3 模板赋值与渲染

ThinkPHP 5 使用 assign 方法来实现模板赋值，使用 display 方法来实现渲染，例如：

```
namespace app\index\model;

use think\Controller;

class User extends Controller {
    public function index() {
        $users = User::all();
        $this->assign('list',$users);
        return $this->display('index',$users);
    }
}
```

display 方法的第一个参数为模板文件，有以下几种传参形式：

- 不传：自动识别为当前模块/当前控制器/当前操作对应目录。
- 操作：自动识别为当前模块/当前控制器/传入操作名。
- 控制器/操作：识别为当前模块/传入控制器/传入操作名。
- 模块@控制器/操作：识别为传入模块/传入控制器/传入操作名。
- 完整模板文件路径：使用物理路径来渲染，需要包含扩展名。

7.4 Think 模板引擎语法

Think 模板引擎包含普通标签和标签库标签。普通标签提供变量输出和模板注释功能，其他功能由标签库提供，如条件判断、列表渲染等。

普通标签以配置项 tpl_begin 和 tpl_end 为定界符，标签库标签以配置项 taglib_begin 和

taglib_end 为定界符。这一点需要注意,否则你的代码可能会运行错误。

7.4.1 变量输出

使用普通标签编写模板,代码如下:

```
// 控制器方法
public function hello(){
    $this->assign('name','World');
    return $this->display()
}
// 模板文件代码
你好,{$name}
```

打开浏览器访问对应的方法就会显示"你好,World"。

- 如果变量是数组,那么可以使用{$data.name}或者{$data['name']}来输出数据。
- 如果变量是对象,那么可以使用{$data->name}来输出数据。

7.4.2 模板内置变量

内置变量就是 ThinkPHP 5 已经提供的,可以直接拿来使用的变量,简化控制器层的赋值操作,目前有以下几种变量:

- $_SERVER {$Think.server.request_uri}
- $_ENV {$Think.env.PATH}
- $_POST {$Think.post.username}
- $_GET {$Think.get.keyword}
- $_COOKIE {$Think.cookie.token}
- $_SESSION {$Think.session.user_id}
- $_REQUEST {$Think.request.name}
- 常量 {$Think.const.常量名}
- 配置 {$Think.config.template}
- 多语言配置 {$Think.lange.error}
- Request 对象 {$Request.get.page}(注意和$_REQUEST 区分,$_REQUEST 是 PHP 内置,Request 由 ThinkPHP 提供)

7.4.3 默认值

输出模板的时候,如果没有数据就需要给出一个默认提示,比如一些网址上面的个性签名;如果用户未设置的时候,网页会显示"这家伙很懒,什么也没写"。利用 ThinkPHP 5 的模板引擎变量默认值可以方便地实现这个功能。

```
{$Think.session.signature|default='这家伙很懒，什么也没写'}
```

7.4.4 使用函数

某些场景下需要对变量进行函数处理后再输出到模板，这时在模板中使用函数比在控制器中使用函数灵活，比如格式化时间戳这种常用操作。函数参数位置不同会影响到模板编辑方式，以下是常用场景：

（1）第一个参数为当前变量，如 md5/substr 函数：

```
{$user.password|md5}
// 编译结果<?php echo md5($user['password']);?>
{$user.nickname|substr=0,20}
// 编译结果<?php echo substr($user['nickname'],0,20);?>
```

（2）第一个参数不是当前变量，如 date 函数：

```
{$user.created_at|date='m-d H:i',###}
```

可以看到需要使用###来指明当前变量在函数参数中的位置，这一点和 ThinkPHP 3.2 相同。

（3）同时使用函数和默认值：

```
{$user.created_at|date='m-d H:i',###|default='10-01 00:00'}
```

（4）使用多个函数：

```
{$user.password|md5|strtoupper|substr=8,16}
```

（5）按照从左至右的方式执行，所以该模板编译结果为：

```
<?php echo substr(strtoupper(md5($user['password'])));?>
```

7.4.5 算术运算符

模板中使用算术运算符和 PHP 代码中使用算术运算符规则一致。需要注意的是，函数调用方式有变化，以下是示例代码：

```
{$user.balance*100}           // 正确
{$user.balance--}             // 正确
{$user.balance*5/2}           // 正确
{$user.score|func*100}        // 错误
{func($user['score'])*100}    // 正确
```

7.4.6 三目运算符

```
{$banned?'封禁':'正常'}
{$name??'无名氏'}
// 编译结果为<?php echo isset($name)?$name:'无名氏';?>，同 PHP7 语法
```

```
{$name?='true'}
// 编译结果为<?php if(!empty($name)){echo 'true';}?>
{$name?:'false'}
// 编译结果为<?php echo $name?$name:'false';?>
```

7.4.7 不解析输出

由于模板引擎的关系，任何{$xx}代码都有可能被输出，但是一些特殊情况不能输出这些变量，这时需要使用 literal 标记，这个跟 ThinkPHP 3.2 是一致的。

```
{literal}
    你好,{$name}
{/literal}
```

最终输出结果为"你好,{$name}"。

7.4.8 布局文件

日常开发中很多网页的头部和底部是统一的：头部是导航，底部是页脚、版权说明等。为了提高代码复用性，ThinkPHP 5 提供了布局功能，渲染流程变为：布局文件→视图文件。

开启模板布局有三种方式。

（1）第一种是基于全局配置的，当你的网站布局只有一种时可以采用，一次配置，处处使用。全局布局需要在应用配置中配置 template 项，代码如下：

```
'template' => [
    'layout_on' => true,
    'layout_name' => 'layout_file'
]
```

模板布局文件的示例代码如下：

```
<!DOCTYPE html>
<html>
<head>
<title>网站标题</title>
</head>
<body>
<header>头部</header>
{__CONTENT__}
<footer>底部</footer>
</body>
</html>
```

__CONTENT__是 ThinkPHP 5 默认的模板布局替换占位符，可以通过配置文件配置，示例代码如下：

```
'template' => [
    'layout_on' => true,
    'layout_name' => 'layout_file',
    'layout_item' => '__BODY__'
]
```

具体模板代码如下:

```
<p>你好!</p>
```

最终渲染的结果为:

```
<!DOCTYPE html>
<html>
<head>
<title>网站标题</title>
</head>
<body>
<header>头部</header>
<p>你好!</p>
<footer>底部</footer>
</body>
</html>
```

(2) 第二种是基于模板引擎语法的方式, 该方式不可以同时和全局配置一起使用, 否则将可能导致布局渲染死循环! 以刚才的具体模板为例, 示例代码如下:

```
{layout name="layout"/}
<p>你好!</p>
```

渲染结果跟全局配置方式是相同的, 有兴趣的读者可以查看网页源码对比一下。

(3) 第三种是控制器代码方式, 该方式灵活性最大 (毕竟是代码层面), 示例代码如下:

```
namespace app\index\controller;

use think\Controller;

class User extends Controller
{
    public function index() {
        $this->view->engine->layout(true);
        return $this->display('index');
    }
}
```

$this->view->engine->layout(true)为模板布局代码, layout 方法接收以下类型的参数:

- true：使用默认布局文件（application/index/view/layout.html）。
- false：临时关闭模板布局。
- string：使用传入的布局文件，如 layout('layouts/main.html')将使用 application/index/view/layouts/main.html 布局。

在三种布局方式中，第一种是全局的；后面两种是临时的，对别的页面没有影响。各位读者可以评估项目类型来决定采用何种布局方式。

虽然配置了全局模板布局，但是某些情况下需要临时关闭它以采用不同的页面。ThinkPHP 5 提供了__NOLAYOUT__占位符来指明当前模板文件不需要开启模板布局（开启之后无论什么方式配置的模板布局都不可以生效），具体模板示例代码如下：

```
{__NOLAYOUT__}
<p>你好！</p>
```

最终的渲染结果为：

```
<p>你好！</p>
```

临时关闭模板布局后需要重新编写头部和底部代码，这一点希望各位读者注意一下。

7.4.9 模板包含

日常开发中有一些代码量比较小但是使用场景很多的布局代码，比如博客系统中最常见的评论功能，虽然可以做到布局里面，但是一般做成挂件比较好，可以随处使用。

模板包含的语法如下：

```
{include file='文件1,文件2…'/}
```

包含文件可以传入模板相对路径或者模块@控制器/操作，示例代码如下：

- 模块@控制器/操作

```
{include file="public/header,public/sidebar" /}
```

- 模板相对路径

```
{include file="../application/view/default/public/menu.html" /}
```

路径起点为 Web 入口文件的总目录，所以本例设置 public 目录为文件目录的起点。

88AB 包含的模板文件不会调用所属控制器的方法，所属控制器中使用 assign 赋值代码将不会运行。模板如果用到了变量，需要在发起调用的控制器中赋值，例如：

```
public/header.html
<head>
<title>{$title}</title>
</head>
```

```
app/index/controller/PublicController.php
namespace app\index\controller;

use think\Controller;

class PublicController extends Controller
{
  public function header() {
      $this->assign('title','你好');
      return $this->display();
}
}
  user/index.html
{include file="public/header" /}
<p>用户首页</p>
```

这时访问 user/index，网页标题不会显示"你好"，因为 public/header.html 是被包含文件，根据 ThinkPHP 5 框架运行规则，public/header.html 模板下的{$title}不会被解析。

7.4.10 被包含模板使用变量

如果需要在被包含模板中显示变量，需要对模板进行一个小的修改，示例代码如下：

public/header.html

```
<head>
<title>[title]</title>
<meta name="keywords" content="[keywords]" />
<meta name="description" content="[description]" />
</head>
```

app/index/controller/UserController.php

```
namespace app\index\controller;

use think\Controller;

class UserController extends Controller
{
   public function index() {
       $this->assign('title', '我是标题');
       $this->assign('description','我是简介');
       return $this->display();
   }
}
```

user/index.html

```
{include file="public/header" title="$title" keywords="我是关键词"
description="$description" /}
<p>你好</p>
```

可以看到被包含文件中的{$title}替换成了[title]，这个 title 是从 user/index 操作赋值的。另一种赋值操作是直接在模板中传入的，比如本例中的 keywords。

7.5 模板继承

模板继承在 ThinkPHP 3.2 就已经存在了，到 ThinkPHP 5 后，用法差不多，都是先定义一个基础模板，然后定义 block 区块，最后在其他模板中"实现"这些区块。

7.5.1 继承语法

本小节介绍模板继承语法。

可在基础模板中定义 block 区块，继承示例如下：

基础模板 base.html：

```
<!DOCTYPE html>
<html>
<head>
    <title>{block name="title"}标题{/block}</title>
</head>
<body>
{block name="navbar"}导航栏{/block}
{block name="menubar"}菜单栏{/block}
{block name="content"}内容{/block}
{block name="footer"}底栏{/block}
</body>
</html>
```

具体操作模板，如 user/index 操作：

```
{extend name="base" /}
{block name="title"}个人中心{/block}
{block name="navbar"}个人中心导航{/navbar}
{block name="menubar"}左侧菜单{/block}
```

```
{block name="content"}个人中心内容{/block}
{block name="footer"}个人中心底部导航{/block}
```

extend 的 name 支持以下三种方式的参数：

- 操作名，如 base。
- 控制器:操作名，如 Public:base。
- 相对路径，如../application/index/view/default/base.html。

7.5.2 继承模板合并

有时候完全替换继承的 block 代码会导致代码重复率升高，比如全站底部的友情链接，其实每个页面是一样的，但是每个页面底部导航可能不一样，这时就需要使用到继承模板合并语法了。还是以之前的代码为例，base 基础模板代码可以不变，user/index 操作代码如下：

```
{extend name="base" /}
{block name="title"}{__block__}个人中心{/block}
{block name="navbar"}个人中心导航{/navbar}
{block name="menubar"}个人中心菜单栏{/navbar}
{block name="content"}个人中心内容{/block}
{block name="footer"}个人中心底部导航{/block}
```

{__block__}最终将会渲染为基础模板中 name 为 title 的 block，也就是说例子的最终渲染结果为：

```
<!DOCTYPE html>
<html>
<head>
    <title>标题个人中心</title>
</head>
<body>
个人中心导航
个人中心菜单栏
个人中心内容
个人中心底部导航
</body>
</html>
```

7.5.3 模板继承注意事项

- 具体操作模板只解析 block 区块内的代码，block 外面的代码不会解析，也不会生效。
- 框架对 block 先后顺序无要求，具体顺序是依赖于布局文件排版需要的。

7.6 模板标签库

ThinkPHP 视图最成功的地方莫过于标签库了，真的非常强大，配合自定义的标签库，开发一个 CMS 系统也不是什么难事。

标签库的功能大致是提取常用模板代码，通过传入参数，渲染固定的页面。这个在 CMS 系统中很常用，例如以下伪代码：

```
<article id="{ctx.request.article_id}"/>
```

这里的 article 就是自定义的标签，传入的是当前请求参数中的 article_id，显示效果是文章详情。

看到这里,有的读者是不是很兴奋呢？不用心急,一步一步来,先学会使用内置的标签库,然后开发自己专用的标签库。

7.6.1 导入标签库

使用任何标签之前都需要导入标签库（内置标签库不需要手动导入），导入语法为：

```
{taglib name="article,plan"/}
```

如上代码就导入了两个标签库。需要注意的是,导入的标签需要事先定义,否则导入无效。

7.6.2 使用标签库

依旧以上面的标签库代码为例,假设我们的 article 标签库中有 show 和 comment 两个标签库,分别对应显示文章和显示文章评论功能。

调用代码如下：

```
{article:show id="articleId"}
    <h1>{$data.title}</h1>
<p>{$data.content}</p>
{/article}
{article:comment id="articleId"/}
```

可以看到 article:show 需要成对使用，而 article:comment 却不需要，有的读者可能会感到疑惑，是不是可以随意使用？实际上不是的，标签库定义的时候是什么类型，使用的时候就需要配套使用。

7.6.3 标签预加载

如果每使用一个标签库都需要在模板中手动加载，就将会有很多的代码重复，而且不利于维护。ThinkPHP 5 提供了标签预加载功能，可以在配置文件中将一些常用标签提前导入，以减轻模板中导入标签的代码量。配置代码示例如下：

```
'taglib_pre_load' => 'article,plan'
```

标签库在模板库中的使用代码不变，只是少了标签库预加载这一步。

7.6.4 内置标签

内置标签与 ThinkPHP 3.2 区别不大，大致是判断、循环、赋值这三类，本小节将对每个标签都进行简单的代码示例。

1. 判断标签

- switch/：多分支判断。
- eq：判断是否相等。
- neq eq：反义词。
- lt：小于。
- gt：大于。
- elt：小于等于。
- egt：大于等于。
- in：判断在列表中。
- notin in：反义词。
- between：判断在范围中。
- notbetween：判断不在范围中。
- present：判断是否赋值，类似 PHP 的 isset。
- notpresent present：反义词。
- empty：判断是否为空，类似 PHP 的 empty。
- notempty empty：反义词。
- defined：判断常量是否定义，类似 PHP 的 defined。
- notdefined：判断常量未定义。
- if/elseif/else：复杂条件判断，简单的可以用其他判断标签。

2. 循环标签

- volist：循环输出数组。
- foreach：循环，类似 PHP 的 foreach。
- for：for 循环，类似 PHP 的 for。

3. 赋值标签

- define：定义常量，类似 PHP 的 define。
- assign：变量赋值，类似 ThinkPHP 的控制器赋值。

4. 其他标签

- include：包含文件。

- load/js/css: 加载 js/css。
- php: 使用 PHP 代码。

7.6.5 内置标签示例

1.switch

与 PHP 的 switch 类似，也是多分支判断，同样支持是否 break 以及 default。示例代码如下：

```
{switch name="order.status"}
    {case value="0" break="0"}待付款{/case}
    {case value="1" break="1"}已付款{/case}
    {case value="$is_delivery"}已发货{/case}
    {case value="3"}已收货{/case}
    {case value="4|5"}已完成{/case}
    {default /}未知状态
{/switch}
```

一行一行解释一下示例代码：

- 第 1 行：使用变量 order.status 作为 switch 判断条件。需要注意的是此处不需要在变量前面加$符号。
- 第 2 和 3 行：value 为需要判断的值，类似 PHP 的 case 条件；break 为是否跳出本次 case，意义和 PHP 一样，传入 1 时渲染结果会添加 break，传入 0 时不会添加 break。
- 第 4 行：value 为另一个变量时进入本分支，需要注意的是此处需要添加$符号。
- 第 5 行：没有特别意义。
- 第 6 行：多个值时任意一个满足都会进入本分支，但如果传入的 case 是变量，就不支持多个。以下代码不被支持：

```
{case value="$a|$b"}已完成{/case}
```

- 第 7 行：其他分支条件都不满足时进入 default 分支。需要注意的是本标签为自闭合标签，上面的 case 标签都需要成对出现。

eq/neq/lt/gt/elt/egt

判断是否相等/不相等/小于/大于/小于等于/大于等于标签，示例代码如下：

```
{eq name="user.sex" value="1"}男{/eq}
{neq name="user.sex" value="$male"}男{/neq}
```

从 switch 和本例示例代码可以看出，name 属性不需要添加$，而 value 如果使用变量就需要使用$。

eq/neq/lt/gt/elt/egt 这几个词在模型层查询章节也出现过，有的读者可能不明白是什么缩写导致死记硬背，这里解释一下：

- eq: equal，相等。
- neq: not equal，不相等。
- lt: less than，小于。
- gt: greater than，大于。
- elt: equal or less than，小于或等于。
- egt: equal or greater than，大于或等于。

2. in/notin

判断是否在列表/不在列表中，示例代码如下：

```
{in name="order.status" value="1,2,3"}已支付{/in}
{notin name="order.status" value="$status"}未支付{/notin}
```

name 的规则跟上文中一致，不需要$，后面的内容中将不再说明。value 规则也是一致的，如果需要使用变量则添加$：当 value 为变量时，支持数组和逗号分隔的字符串；当 value 为值时，仅支持逗号分隔的字符串。

3. between/notbetween

判断是否在范围/不在范围中，示例代码如下：

```
{between name="user.age" value="1,17"}未成年人{/between}
{notbetween name="user.age" value="1,17"}成年人{/notbetween}
```

between/notbetween 的 value 也支持变量和字符串，规则和 in/notin 一致，变量支持数组和逗号分隔的字符串，值支持逗号分隔的字符串。

4. present/notpresent

判断是否赋值，类似 PHP 的 isset，示例代码如下：

```
{present name="sex"}已赋值{/present}
{notpresent name="sex"}未赋值{/notpresent}
```

5. empty/notempty

判断是否为空，类似 PHP 的 empty，示例代码如下：

```
{empty name="sex"}性别为空{/empty}
{notempty name="sex"}性别不为空{/notempty}
```

可能有的读者会对 isset 和 empty 感到混淆，其实不用记那么多，只需要记住零值和未定义 empty 都返回 true，而 isset 只有定义过就返回 true，不管是不是零值。未定义在 PHP 中的判断为"真的未定义，或者定义过但是赋值为 null"。

6. defined/notdefined

判断常量是否定义，一定要区分与 empty/notempty/present/notpresent 的区别，defined/notdefined 只针对常量,而 empty/notempty/present/notpresent 只针对变量,示例代码如下：

```
{defined name="PHP_ENV"}已定义 PHP_ENV 常量{/defined}
{notdefined name="PHP_ENV"}未定义 PHP_ENV 常量{/notdefined}
```

7. if/elseif/else

比较复杂的判断标签，作用和语法与 PHP 的 if/elseif/else 相同，示例代码如下：

```
{if condition="$user.name eq 'zhangsan'"}张三
{elseif condition="$user.name eq 'lisi'"}李四
{elseif condition="$user.name neq 'wangwu'"}不是王五
{else/}其他人
{/if}
```

condition 是 if 的唯一判断条件，支持 PHP 表达式，所以变量需要使用$，其次就是判断符号需要使用 ThinkPHP 的简写，不可以使用<或者>符号，原因是会导致模板引擎误认为是标签定界符导致解析出错。

所有成对出现的标签都可以使用 else，示例代码如下：

```
{empty name="sex"}性别为空
{else/}性别不为空
{/empty}
```

8. volist

volist 是 ThinkPHP 提供的非常强大的标签之一，原型如下：

```
{volist name="列表变量名" id="循环变量名" offset="起始行" length="循环长度" empty="列表变量为空时占位符"}
{$循环变量名} // 使用循环变量，支持本章所有标签独立使用
{/volist}
```

offset/length/empty 为可选属性。假设需要显示一个用户列表的第 5~10 行数据，示例代码如下：

```
{volist name="users" id="user" offset="5" length="5" empty="没有用户"}
姓名：{$user.name} <br/>
性别：{eq name="user.sex" value="1"}男{else/}女{/eq}
{/volist}
```

可以看到示例代码中使用了 eq 标签，传入的 name 是不带$的，与之前讲过的规则一致。

需要注意的是，empty 属性不支持 HTML 代码，也就是说如果给 empty 传入 HTML 代码，这些代码会直接显示在页面上，但是值得一提的是 empty 支持变量，变量的值可以包含 HTML 代码。下面是示例代码：

```
{volist name="list" id="item" empty="<strong>数据为空</strong>"}
{/volist}
```

将输出：

```
<strong>数据为空</strong>
```

若是变量赋值代码,则会显示解析后的 HTML 代码,示例如下:

控制器代码:

```
$this->assign('empty','<strong>数据为空</strong>')
```

视图代码:

```
{volist name="list" id="item" empty="$empty"}
{/volist}
```

将输出(书本上可能不明显,各位读者在浏览器上可以看到加粗的字体):

数据为空

9.foreach

foreach 循环输出数组,与 volist 相似,但是只有 name 和 item 属性,示例代码如下:

```
{foreach name="users" item="user" key="index"}
当前第{$index+1}个用户
    姓名:{$user.name} <br/>
    年龄:{$user.age}
{/foreach}
```

10.for

比较原始的一个标签,但是可以自由控制条件,for 的属性比较多,这里讲解一下 for 标签的原型:

```
{for start="初始化值" end="结束值" comparison="比较方式" step="每次循环变化值" name="循环变量名"}
循环体
{/for}
```

这里举一个 PHP 代码的例子来协助读者理解一下 for 标签,PHP 代码如下:

```
for($i=0;$i<10;$i+=2) {
}
```

- start: 0。
- end: 10。
- comparison: <。
- step: 2。
- name: i。

需要注意的是,上文中 comparison 只是对应 PHP 代码中<(小于号)的意义,实际使用中不可以使用<>这种符号,原因在上面的内容中解释过了,会引起模板引擎解析错误,需要使用 lt/gt 等符号代替。

11. define/assign

定义一个常量/变量，示例代码如下：

```
{define name="PHP_ENV" value="production"/}
{assign name="sex" value="$Think.get.sex"/}
```

可以看到 name 和 value 语法与上文说的一致，大家学会之后确实可以举一反三！这也是 ThinkPHP 框架设计的优点。

12. include

include 的标签在模板引擎章节已经介绍过，这里不再赘述，有需要的读者可以参阅前面的章节。

13. load/js/css

ThinkPHP 提供用来简化 CSS/JS 资源加载的便利标签，也就是没有这些标签也可以通过原生形式的 link 和 script 标签来实现加载。但是 load/js/css 支持导入多条资源，这个比较方便。示例代码如下：

```
{load href="/js/main.js,/js/vendor.js"/}
{load href="/css/style.css,/css/vendor.css"/}
{js href="/js/main.js"/}
{css href="/css/main.css"/}
```

需要注意的是，这里的路径是基于当前 URL 的，也就是这里的路径和原生代码使用时的路径一致。

14. PHP 代码

当所有标签都无法满足需求时，ThinkPHP 提供了保底方案——原生 PHP 代码。作者并不推荐大家使用，但是需求最终还是要实现的，示例代码如下：

```
{php}echo date('Y-m-d H:i:s');{/php}
```

由于 php 标签内只支持 PHP 语法，因此本章节标签无法在 php 标签内部使用，因为这不是 PHP 语法，而是 ThinkPHP 模板引擎的语法。

7.6.6 标签嵌套

ThinkPHP 5 判断标签和循环标签支持嵌套，如下是一个 volist 嵌套的例子：

```
{volist name="users" id="user"}
    {volist name="$user['articles']" id="article"}
        文章标题:{$article.title} <br/>
        作者：{$user.name} <br/>
    {/volist}
{/volist}
```

第 8 章 验证器

数据验证在 ThinkPHP 3 时是集成到 Model 层的，功能叫自动验证。从笔者的 MVC 开发经验来说，数据验证应该在 Controller 中来处理，Controller 将输入的数据进行处理后传给 Model 层或者业务层处理，然后将 Model 层或业务层的响应包装或者渲染后输出到客户端。

8.1 验证器类

ThinkPHP 5 使用\think\Validate 类或验证器验证，将验证层独立出来有利于代码分层以及代码解耦，当我们需要对数据验证进行变更时，不会影响到其他层的代码（ThinkPHP 3 会导致模型层代码变更）。

（1）使用内置验证器，该代码建议编写在 Controller 的 action 方法中：

```
$validator = new Validate([
    'realname' => 'require|max:10',
    'idcard' => 'require|max:18',
    'email' => 'email'
],[
    'realname.require' => '姓名不能为空',
    'realname.max' => '姓名不能超过十个字',
    'idcard.require' => '身份证号码不能为空',
    'idcard.max' => '身份证长度错误',
    'email.email' => '邮箱格式错误'
]);
$data = request()->post();
if(!$validator->check($data)) {
    throw new Exception($validator->getError());
}
```

使用内置的验证器时，验证器第一个构造参数为规则定义数组，第二个参数为错误消息，可以针对不同的规则显示不同的错误消息。

（2）使用独立验证器。该代码建议编写在模块的 validator 命名空间中，需要验证的每个请求多需要使用独立验证器类来验证。

```
namespace app\index\validator;

use think\Validate;

class IdCardRequestValidator extends Validate {
    protected $rule = [
        'realname' => 'require|max:10',
        'idcard' => 'require|max:18',
        'email' => 'email'
    ];
    protected $message = [
        'realname.require' => '姓名不能为空',
'realname.max' => '姓名不能超过十个字',
'idcard.require' => '身份证号码不能为空',
'idcard.max' => '身份证长度错误',
'email.email' => '邮箱格式错误'
    ];
}
// 以下为控制器代码
function idcard() {
    $validator = new IdCardRequestValidator();
    $data = request()->post();
    if(!$validator->check($data)) {
        throw new Exception($validator->getError());
    }
}
```

可以看到 ThinkPHP 5 的验证器规则和 Laravel 框架的有点类似。熟悉 Laravel 框架的读者会很快上手 ThinkPHP 5 的验证器。

8.2 验证规则

在 8.1 节中演示了两种验证器的使用方式，其中两种方式的验证规则配置是一致的——通过数组配置，数组键为需要验证的字段值，数组值为该字段的验证规则，多个规则使用|（键盘 Enter 上面的键，需要使用 Shift+该键才能打出来）分隔。

ThinkPHP 5 内置了很多规则（见表 8-1），日常开发中够用，不需要额外自定义验证规则。当然，特殊情况下需要自定义规则，将会在下一节讲到。

表 8-1　验证规则

验证器名称	说明	示例代码
require	必填	'name'=>'require'
integer	整数	'age'=>'integer'
float	浮点数	'percent'=>'float'
bolean	布尔值	'banned'=>'boolean'
email	邮箱	'email'=>'email'
array	数组	'list'=>'array'
date	日期	'pubdate'=>'date'
alpha	字母	'username'=>'alpha'
alphaNum	字母+数字	'username'=>'alphaNum'
alphaDash	字母+数字+下划线+中划线	'username'=>'alphaDash'
chs	中文	'realname'=>'chs'
chsAlpha	中文+字母	'realname'=>'chsAlpha'
chsAlphaNum	中文+字母+数字	'realname'=>'chsAlphaNum'
chsDash	中文+字母+数组+中划线+下划线	'realname'=>'chsDash'
activeUrl	主机名（包含域名和 IP）	'hostname'=>'activeUrl'
url	链接	'homepage'=>'url'
ip	IPv4/IPv6 地址	'created_ip'=>'ip'
dateFormat:format	指定格式日期	'pubdate'=>'dateFormat:y-m-d'
in	在列表中	'sex'=>'in:1,2'
notIn	不在列表中	'sex'=>'notIn:1,2'
between	在区间中	'age'=>'between:18,24'
notBetween	不在区间中	'age'=>'notBetween:18,24'
length:min,max	字符串长度 数组元素数量 文件大小	'username'=>'length:6,18' 'idcard=>'length:18'

（续表）

验证器名称	说明	示例代码
max:number	字符串最大长度 数组最大元素数量 文件最大大小	'url'=>'max:100' 'list'=>'max:10', 'file'=>'max:1024'
min:number	字符串最小长度 数组最小元素数量 文件最小大小	'str'=>'min:10'
confirm	验证和另一字段一致，常用于密码确认	'password2'=>'confirm:password'
different	验证和另一字段不同	'password'=>'different:username'
eq	相等	'age'=>'eq:18'
egt	大于等于	'age'=>'egt:18'
gt	大于	'age'=>'gt:18'
elt	小于等于	'age'=>'elt:18'
lt	小于	'age'=>'lt:18'
regex:正则表达式	正则验证（如果正则中含有|，需要使用数组定义，一个数组元素为一个规则）	'postcode'=>'regex:\d{6}' 'username'=> ['require', 'regex'=>'(male|female)']
file	文件	'logo'=>'file'

8.3 自定义规则

自定义规则需要使用自定义的验证器才可以，示例代码如下：

```
namespace app\index\validator;

use think\Validate;

class IdCardRequestValidator extends Validate {
    protected $rule = [
        'name' => 'test:male'
```

```
    ];

    protected $message = [
        'name' => '姓名不符合规则'
    ];

    protected function test($val,$rule,$data,$column,$msg) {
        return $rule==$val ? true: $msg;
    }
}
```

自定义规则验证方法原型如下：

验证器名称(字段值,规则,所有字段键值对数组,字段名,字段简介)

8.4 控制器/模型验证

ThinkPHP 5 自带的控制器和模型层都集成了验证方法，我们只需要调用即可。

（1）控制器使用内置验证器验证

```
$msg = $this->validate(
request()->post(),
    ['name'=>'require|max:20']
);
if($msg !== true) {
    throw new Exception($msg);
}
```

由于 validate 的返回值为 true 或者出现错误时的错误消息，因此此处需要强验证返回为 true。

（2）控制器使用自定义验证器验证

```
$msg = $this->validate(
request()->data(),
IdCardRequestValidator::class
);
```

（3）模型层使用内置验证器验证

```
$model = new User();
$msg = $model->validate(
['name'=>'require|max:20'],
[
```

```
'name.require'=>'姓名不能为空',
    'name.max'=>'姓名最多 20 字'
])->save($data);
if($msg !== true) {
    throw new Exception($msg);
}
```

（4）模型层使用自定义验证器验证

```
$model = new User();
$msg = $model->validate(IdCardRequest::class)->save($data);
if($msg !== true) {
    throw new Exception($msg);
}
```

8.5 便捷验证

有时在控制器中想简单验证某一变量是否符合规则又不想写复杂的判断，就可以使用 ThinkPHP 5 验证器的静态方法来验证：

```
if(!Validate::length('idcard',18)) {
    throw new Exception('身份证号码长度错误');
}
```

值得一提的是，便捷验证只返回 bool 类型的值，错误提示需要自己处理。

8.6 小结

验证器的出现可以让我们将数据验证代码和业务逻辑代码分隔开来，有利于代码解耦，提高了代码的可维护性。

ThinkPHP 一直的理念"大道至简，开发由我"在本章节中贯彻得非常透彻，通过配置式的代码解决了以往大段判断的代码，而这种代码实际上是没有意义的。

第 9 章 缓存

缓存系统是应用高性能运行的保证,无论多么高配置的服务器、多么厉害的架构,离开了缓存都无异于空中楼阁,不切实际。缓存系统能够成量级地降低数据库的负载,是一个企业级应用的重要组成部分。

ThinkPHP 5 和之前的缓存配置、使用都差不多,所以这个升级门槛近乎为零。

9.1 缓存配置

通过应用配置文件的 cache 键进行配置,代码如下:

```
'cache' => [
    'type' => 'File',
    'path' => './runtime',
    'prefix' => '',
    'expire' => 0
]
```

目前 ThinkPHP 5 支持 file、memcached、wincache、sqlite、redis、xcache。由于 ThinkPHP 5 是基于驱动设计来实现缓存系统,因此切换缓存只需要更改配置代码即可,不需要更改业务代码。通用的配置参数有 type、prefix、expire。

9.2 缓存操作

```
Cache::set('key','val',3600); // 缓存一个小时
Cache::get('key'); // 读取缓存
Cache::inc('name',1); // 自增 1
Cache::dec('name',3); // 自减 3
Cache::rm('key'); // 删除缓存
```

```
Cache::pull('key'); // 读取缓存,并删除该 key,返回读取到的值
Cache::clear(); // 清空缓存
// 如果存在就返回,如果不存在就写入缓存之后返回
Cache::remember('key',function(){
    return 'data;'
},3600);
```

第 10 章
◀Session和Cookie▶

ThinkPHP 5 使用\think\Session 和\think\Cookie 对 PHP 原生的 Session 和 Cookie 操作做了包装，方便编程以及切换底层驱动。

10.1　Session 和 Cookie 区别

10.1.1　Session

Session 称为会话信息，位于 Web 服务器上，主要负责访问者与网站之间的交互。当访问浏览器请求 http 地址时，将传递到 Web 服务器上并与访问信息进行匹配。当关闭网站（关闭 Web 服务器）时就表示会话已经结束，网站无法访问该信息了，所以它无法保存永久数据，我们也就无法访问 Session 会话信息了。

10.1.2　Cookie

位于用户的计算机上，用来维护用户计算机中的信息，直到用户删除。比如我们在网页上登录某个软件时输入用户名及密码，这些信息保存为 Cookie，那么每次我们访问的时候就不需要登录网站了。

10.2　Session 配置

Session 可以基于应用配置文件来配置，示例代码如下：

```
'session' => [
    'prefix' => 'think',
    'type' => '',
    'auto_start' => true
]
```

10.3 Session 操作

ThinkPHP 5 推荐开发者使用\think\Session 来操作 Session，方便和框架集成。此外，\think\Session 还提供了 scope 功能，可以分组管理 Session。Session 操作实例如下：

```
Session::set('name','data'); // 写入默认 scope
Session::set('name','data','user'); // 写入 user scope
Session::has('name'); // 判断默认 scope 是否写入
Session::has('name','user');// 判断 user scope 是否写入
Session::get('name'); // 读取默认 scope 的 name 值
Session::get('name','user'); // 读取 user scope 的 name 值
Session::delete('name'); // 删除默认 scope 的 name
Session::delete('name','user'); // 删除 user scope 的 name
// 读取默认 scope 的 session 值并删除 session 中的该值，返回读取的值
Session::pull('name');
// 读取 user scope 的 session 值并删除 session 中的该值，返回读取的值
Session::pull('name','user');
Session::clear(); // 清空默认 scope 的 session
Session::clear('user'); // 清空 user scope 的 session
```

10.4 Cookie 配置

Cookie 基于\think\Cookie 来操作，同样可以应用配置来进行，示例代码如下：

```
'cookie'=> [
// cookie 名称前缀
'prefix'    => '',
// cookie 保存时间
'expire'    => 0,
// cookie 保存路径
'path'      => '/',
// cookie 有效域名
'domain'    => '',
//  cookie 启用安全传输
'secure'    => false,
// httponly 设置
'httponly'  => '',
// 是否使用 setcookie
'setcookie' => true,
]
```

10.5 Cookie 操作

Cookie 操作示例代码如下：

```
Cookie::set('key','val',3600*24);
// 设置 cookie 前缀
Cookie::set('key','val',['prefix'=>'demo_','expire'=>3600*24]);
Cookie::set('funcs',[1,2,3]); // cookie 值可以设置为数组
Cookie::get('name','demo_'); // 读取 demo_前缀的 name cookie
Cookie::has('name'); // 判断 name cookie 是否存在
Cookie::has('name','demo_'); // 判断 demo_前缀的 name cookie 是否存在
Cookie::delete('name','demo_');//删除 demo_前缀的 name cookie
Cookie::clear('demo_'); // 清空 demo_前缀的 cookie
```

第 11 章 ◀ 命令行应用 ▶

Web 应用在运行时会有执行时长的限制,但是实际开发中有些任务耗时比较长,甚至是常驻内存的,这时只能使用 cli 方式运行 PHP 脚本,也就是常说的命令行应用。

开发一个完整的命令行应用流程如下:

(1)编辑 application/command.php,注册自定义命令类:

```php
<?php
return [
    'app\index\command\HelloWorld'
];
```

(2)新建 app\index\command\HelloWorld 类,代码如下:

```php
<?php
namespace app\index\command;

use think\console\Command;
use think\console\Input;
use think\console\Output;

class HelloWorld extends Command {
    protected function configure() {
        $this->setName('hello-world')->setDescription('this is the hello world command!');
    }
    protected function execute(Input $input, Output $output) {
        $this->writeln('Hello World!');
    }
}
```

(3)在项目目录下执行 php think hello-world。

（4）控制台输出"this is the hello world command!"。

本章节的示例非常简单，脚本一旦出现错误，进程就会终止，所以需要配合进程监控工具才能使用到生产环境。笔者常用的进程监控工具有：

- supervisor
- pm2

读者可以分别下载下来，安装使用一下。

第 12 章 开发调试

任何软件都会存在 BUG，如果说没有 BUG，那只能说"暂时未发现"。以笔者的工作经验来看，著名的"二八法则"在开发中也适用，基本是 20%时间做开发、80%时间修复 BUG 和优化代码。

提到修复 BUG，很重要的一环就是"重现 BUG"，只有重现才能知道哪一步出了问题、出了什么问题以及什么代码出的问题。

ThinkPHP 5 提供了调试模式运行应用。调试模式的好处有以下几点：

- 错误和异常信息会记录调用堆栈，页面中也会显示详细错误，方便回溯。非调试模式看不到具体错误，也看不到详细调用堆栈，这是框架为了保证我们的服务器安全，否则会泄露服务器部署目录、系统类型、服务器软件等敏感信息，容易被黑客入侵。
- 正常运行情况下会完整记录从进入入口文件到输出响应的整个过程，方便我们针对耗时过程进行针对性优化。
- 会记录详细的 SQL 语句（最终发往数据库服务器），而不是一个预处理语法，有些时候特定数据才会导致问题。

但是启用这种模式也有一个比较明显的缺点：应用速度变慢了，这是因为调试模式运行的情况下，配置、模板等需要编译的东西每次都需要编译，所以耗费了时间，不过为了保证应用稳定，这点牺牲是值得的。

特别注意：不要在生产环境开启调试模式！

12.1 调试模式的开启和关闭

ThinkPHP 5 通过应用配置来开启或关闭调试模式，配置项的名称为 app_debug，值为布尔值。如下示例代码是一个有效的配置：

```
'app_debug' => true
```

值得一提的是，虽然 ThinkPHP 5 非调试模式下默认不显示具体错误信息，但是如果某些场景下需要显示时可以配置 show_error_msg，示例代码如下：

```
'show_error_msg' => true
```

12.2 变量调试

由于 PHP 是弱类型语言，因此有些变量的类型在运行过程中是不可确定的。虽然 PHP 自带了 var_dump 函数，但是排版不怎么美观，而且也不能像 print_r 那样可以通过参数来控制是打印还是返回给调用者。基于此，ThinkPHP 提供了 dump 函数。dump 函数在 ThinkPHP 3.2 中也存在，原型如下：

```
dump($var, $print = true)
```

- $var 为待调试变量。
- $print 为是否输出，传入 true 就直接输出，传入 false 就作为函数返回值返回。

有了该函数，我们可以通过 dump+埋点的形式进行变量调试，例如：

```
$order = new Order();
$order->data($data);
$order->save();
Logger::log(dump($order, false));
```

这时就会将订单记录到日志系统（Logger 不是 ThinkPHP 5 的，本代码只是演示 dump 函数返回值）。

12.3 执行流程

dump 调试只适用于比较短的代码，因为是针对变量级别的，一个变量声明周期不会太长，所以 dump 对于整个工程的调试与优化来说显得力不从心。好在 ThinkPHP 提供了详细的运行记录，会详细记录页面从访问到输出结果的一系列操作，包括请求时长、加载文件列表、执行流程/时长、SQL 语句等信息。

开启执行流程调试也非常方便，依旧是基于应用配置进行操作，示例代码如下：

```
'app_trace' => true,
'trace' => [
    'type' => 'html', // 也支持 console
],
'trace_tabs' => [
    'base' => '概要',
    'file' => '文件',
    'info' => '系统执行流程',
    'error|info' => '错误&&信息',
    'sql' => 'SQL'
```

```
]
```

type 为 html 时，ThinkPHP 将在页面右下角悬浮一个图标。

type 为 console 时，会将调试日志打印在浏览器控制台上（现代浏览器均支持，如火狐、谷歌等）。

trace_tabs 为信息分组，在 html 模式下点击右下角的悬浮图标，会展开一个带有标签页的浮层，该标签页配置如上代码所示，如果不配置就使用默认标签页。

12.4 性能调试

类似于浏览器端的 console.time 和 console.timeEnd，ThinkPHP 5 也提供了方法让我们知道一段代码的具体执行时长。上面的内容中提到的执行流程也包含了时间，但是那个维度有点大，本节可以真正精确到某一行代码的执行时长和内存占用！

Profile 调试使用框架提供的 debug 函数进行，debug 的原型如下：

```
debug(开始标记,结束标记,时间或内存):mixed
```

开始标记和结束标记为不同的字符串，时间或内存参数的传值规范如下：

- 传入数字：返回执行时长，传入的数字为小数点位数，当你传入 4 时，系统返回精确到小数点后 4 位的秒数。
- 传入 m：返回执行内存，单位为 KB，m 实际上是 memory 的缩写。

12.5 异常

12.5.1 异常配置

任何系统都不能保证应用在运行期间的 100% 稳定，但是某些问题是可以预知到的，通过异常机制来提供一个发生异常的"回滚"机制，保证开发者可以记录现场、进行友好提示等。

ThinkPHP 5 将错误和警告也归类为异常，这样可以基于统一机制处理这里的问题。如果需要调整错误报告级别，就需要通过 PHP 自带的 error_reporting 函数完成。error_reporting 不报告错误了，ThinkPHP 5 自然也就不会抛出异常了。比如我们只需要报告错误，忽略警告之类的信息，可以在配置文件的开始行使用如下代码：

```
error_reporting(E_ALL);
```

12.5.2 异常处理器

发生异常时，ThinkPHP 5 会渲染一个自带的错误页。至于是否显示详细错误信息，取决于是否处理调试模式以及是否配置 show_error_msg。该处理逻辑可以自定义，也就是说你可以替换掉框架自带的处理逻辑，这也是一个进步。ThinkPHP 3 只允许自定义错误页面的模板，而不能替换处理逻辑。

异常处理器也是基于应用配置来实现的，配置示例代码如下：

```
'exception_handle' => 'app\\common\\ExceptionHandler'
```

处理器代码：

```php
namespace app\common;

use think\exception\Handle;
use Exception;

class ExceptionHandler extends Handle {

    public function render(Exception $e)
    {
//示例代码, DatabaseException 为数据库异常，本例未写出具体命名空间
        if($e instanceof DatabaseException) {
            // 防止数据库错误，同时也可以提供一个自定义的错误码，方便收集到客
            // 户端反馈后知道这是一个数据库错误
            return json('系统内部错误(E01)', 500);
        }
        return parent::render($e);
    }
}
```

任何异常处理器都需要继承 ThinkPHP 的 think\exception\Handle 类。

12.6 异常抛出

系统出错会抛出异常，业务逻辑错误也可以抛出异常。比如我们定义一个 app\common\UserException 继承自 think\Exception 来做应用的业务异常类，再在 UserException 定义错误码常量，这是开发中笔者比较推荐的一种方式，可以做到了错误码统一管理。

抛出异常代码就是 PHP 标准的代码，只不过异常类不是 PHP 的 Exception，示例代码如下：

```php
throw new \think\Exception('用户名或密码错误', 0x001);
throw new UserException('用户名或密码错误',
UserExcetion::ERR_INVALID_ACCOUNT);
```

该代码抛出的异常默认为 500 状态码，可以通过自定义异常处理器来处理。为了解决这个问题，ThinkPHP 5 还提供了抛出原始 HTTP 异常的异常类，示例代码如下：

```
throw new \think\exception\HttpException(405,'请求方法不支持，只支持POST 方法');
```

第 13 章 服务器部署

通过前面内容的学习之后,从本章开始,所有内容都将是实战,内容的组织还是由简单到复杂、由浅入深。

本章内容是应用运行在服务器必备的一项技能,由于线上服务器基本用的都是 Linux 系统,因此本章将以 Ubuntu 服务器为例进行部署(这里,笔者使用了阿里云 ECS Ubuntu 18.04 系统)。

13.1 apt-get 常用命令

apt-get 是 Ubuntu 自带包管理器,用来帮我们安装、升级、卸载软件包。apt-get 常用命令如表 13-1 所示。

表 13-1 apt-get 常用命令

命令名称	命令说明
apt-get update	更新软件包索引
apt-get upgrade	升级服务器软件包
apt-get install <package>	安装指定软件包
apt-get remove <package>	卸载指定软件包
apt-get autoremove	自动卸载未使用软件包
apt-cache search <package>	查找软件包
apt-cache show php	显示软件包信息

13.2 安装步骤

（1）apt-get update。

（2）apt-get install php php-fpm php-mysql php-common php-curl php-mysql php-cli php-mbstring -y。

（3）apt-get install mysql-server mysql-client -y。

（4）apt-get install nginx -y。

上述软件包安装后，会自动启动相应的服务。

13.3 配置文件路径

- /etc/php php：配置文件目录。
- /etc/nginx nginx：配置文件目录。
- /etc/mysql/mysql.conf.d MySQL：配置文件目录。

13.4 服务管理命令

- service php-fpm restart/start/stop/reload ：重启/启动/停止/热加载 PHP。
- service nginx restart/start/stop/reload ：重启/启动/停止/热加载 Nginx。
- service mysql restart/start/stop ：重启/启动/停止 MySQL。

13.5 配置默认站点

（1）打开 Nginx 默认站点配置文件/etc/nginx/sites-available/default。

```
server {
listen 80 default_server;
listen [::]:80 default_server;
root /var/www/default; # web 目录
index index.html index.htm index.php; # 默认首页

server_name _;
access_log /var/log/nginx/default.log; # 访问日志
```

```
location / {
        try_files $uri $uri/ =404;
}

# pass PHP scripts to FastCGI server
#
location ~ \.php$ {
        include snippets/fastcgi-php.conf;
        fastcgi_pass unix:/var/run/php/php7.2-fpm.sock;
}
}
```

（2）打开 PHP 配置文件/etc/php/7.2/fpm/pool.d/www.conf。

```
[www]
user = www-data # 运行用户默认即可
group = www-data # 运行用户组默认即可
# 监听地址,需要和 nginx fast_cgi 配置一致
listen = /run/php/php7.2-fpm.sock
```

（3）运行命令 service nginx restart。

（4）运行命令 service php-fpm restart。

（5）访问 http://服务器 IP，即可打开管理界面。

第 14 章 数据库设计

我们开发的应用几乎都是数据库应用,通过数据库提供的 API 来对数据进行增删查改。其中,如何设计一个合理可行的数据库表结构是非常重要的。

14.1 设计原则

关系数据库理论中的范式一般只用来做参考,很少有直接强制按照范式建库的,因为生产环境下需要考虑性能。数据库设计中两个比较重要的原则就是需求和性能。需求排第一位,数据库是为了需求服务的,如果数据库结构不能实现需求,那么再完美的设计也是没有任何意义的;性能排第二位是为了用户体验,性能良好的数据库系统能够在很短的时间内返回操作结果,减少用户等待,否则会长时间阻塞,极大地降低用户体验。

14.2 设计工具

"工欲善其事,必先利其器"。在正式进行数据库设计之前,需要介绍一下我们使用的建模工具。

由于本书开发平台数据库部分是 MySQL,因此本章使用 MySQL 公司出品的 MySQL Workbench 做数据库设计工具。MySQL Workbench 的下载地址如下:

https://dev.mysql.com/downloads/workbench/

打开 MySQL Workbench,可以看到如图 14-1 所示的界面。

第 14 章 数据库设计

图 14-1

点击左侧第二个菜单进入模型设计子界面,如图 14-2 所示。

图 14-2

点击加号打开建模界面，如图 14-3 所示。

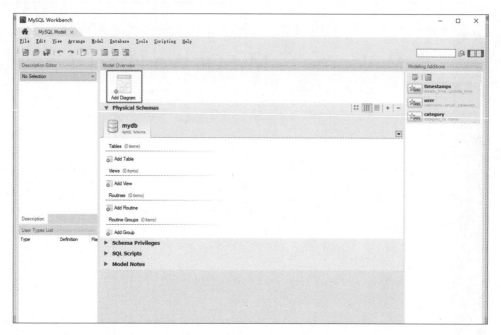

图 14-3

双击图 14-3 红框所示的按钮进入设计主界面，如图 14-4 所示。

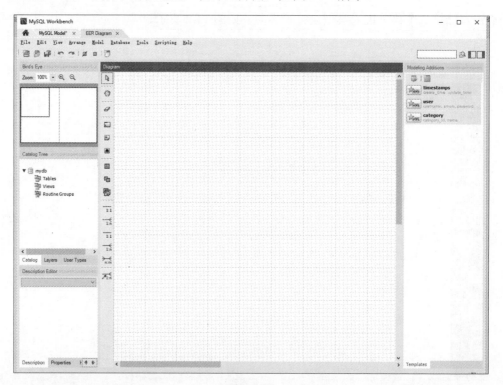

图 14-4

中间有一排小图标,依次是:

- 选择工具:可以选择表、键等。
- 画布移动工具。
- 擦除工具:可以删除表、键等。
- 区域工具:可以将有关系的一组表格分隔开来,便于查看模块。
- 笔记工具:可以写一些备注。
- 图片工具:插入一张图片。
- 表格工具:插入一张新表(最重要的)。
- 视图工具:插入一个视图。
- 路由组:插入一个路由组。
- 一对一非标识关系:将两个数据表进行一对一关联。
- 一对多非标识关系:将两个数据表进行一对多关联。
- 一对一标识关系。
- 一对多标识关系。
- 多对多标识关系:通过中间表将两个数据表进行多对多关联。
- 使用已有字段进行一对多关联。

标识关系:父表的主键成为子表主键的一部分,以标识子表,即子表的标识依赖于父表。比如用户资料表和用户表就是标识关系,子表用户资料表的标识是用户 ID,依赖于用户表的用户 ID。

非标识关系:父表的主键成为子表的一部分,不标识子表,即子表的标识不依赖于父表。大部分的外键都属于此种关系。

工作区存在很多英文,这里通过图片来进行说明。点击表格工具插入一个新数据表,工作区下方的选项和菜单如图 14-5 所示。

图 14-5

中间红框部分内容说明如下：

- Column Name：字段名。
- DataType：数据类型。
- PK：主键。
- NN：Not Null。
- UQ：Unique Key，唯一键。
- B：Binary，声明为二进制数据字段。
- UN：UnSigned，无符号数。
- ZF：Zero Fill，零填充。
- AI：Auto Increment，自增。
- Default/Express：默认值。

底部红框部分说明如下：

- Columns：字段列表。
- Indexes：索引列表。
- ForeignKeys：外检。
- Partition：分区。
- Options：选项。
- Inserts：插入数据库。
- Privileges：权限。

设计完数据表自有字段后，通过关联工具可以非常方便地建立关联关系，如图 14-6 所示。

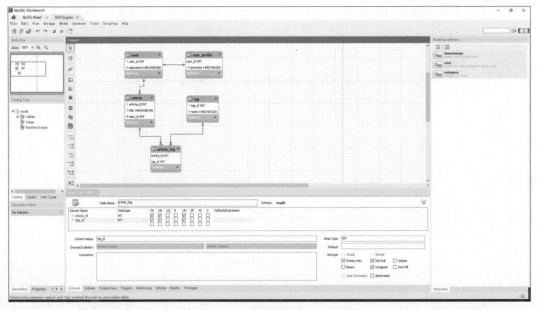

图 14-6

- 用户和用户资料为一对一标识关系，用户资料属于用户表，每个用户最多一份资料
- 用户和文章为一对多非标识关系，文章属于用户，但不是依赖，哪怕用户被删除，文章也可以访问，只不过查不到发表文章的作者具体信息。
- 文章和标签之间为多对多关系，所以需要通过中间表来处理。

数据库建模完成之后需要导出 SQL，最终导入到我们的数据库中。需要注意的是，默认的数据库名为"mydb"，可以在图 14-7 所示的红框处利用右键修改数据库名称。

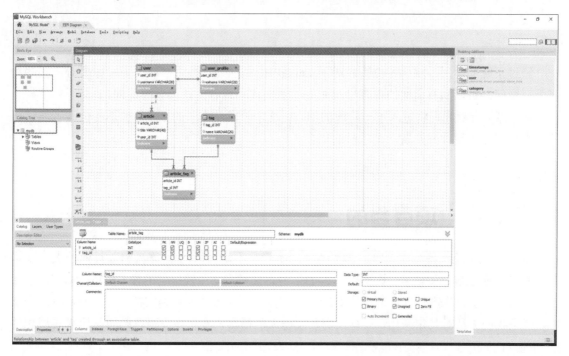

图 14-7

通过菜单栏 File→Export→Forward Engineer SQL CREATE script 依据向导导出 SQL，最终导入数据库即可。

第 15 章
多人博客系统开发

经过系统的学习，相信各位读者对于 ThinkPHP 5 框架已经非常熟悉了，如果对于某些内容仍有疑问，可以回看前面的内容以及相应的示例代码或者前往读者群提问。

从本章开始，我们将进入下一阶段的学习。这个阶段是本书的精华，也是各位读者能够跟着笔者从零开始设计并开发一个项目的机会。

15.1 项目目的

说到博客系统，各位读者应该都不陌生。不管是不是互联网/计算机相关行业的人，基本都会有一个属于自己的博客。国内做博客的平台也非常多。比较出名的像 CSDN、博客园、新浪博客等，对于只想产出内容而不需要维护的用户来说，这种平台确实很方便，但是有一个缺陷，就是我们无法对其定制化。只有我们开发出来的博客，才能够按照自己的意愿来实现想要的功能，比如开发一个奖励模块给那些评论/转发活跃的读者。

当然最基本的博客功能咱们还是要有的，这也是一个记录日常工作和生活的平台。

15.2 需求分析

任何项目都离不开需求分析这一步，而且笔者认为需求分析是软件开发流程中最为重要的一部分，只有需求理解透彻才能够保证最终交付的产品能够满足需求方的需要，否则开发出来的东西是没有意义的。所以本章将以"由浅入深"的方式来做博客系统的需求分析。

- 博客最重要的功能应该是文章发布功能，再结合现在的社交玩法，文章发布出来应该是可以被分享、评论、点赞的。
- 提到文章的发布，就可以知道文章编辑、置顶、排序功能。
- 文章比较多的时候需要分类管理文章，就像我们的书本需要目录一样。
- 写文章的目的在于记录生活、分享生活，那么如何让你的博客被别人知道呢？现在一般就是分享，这里可以接入一个第三方分享。
- 最后要说的是统计相关功能，我们需要清楚地知道哪篇文章比较热门、哪种话题比较热门，以此来推出相关内容获得较高的访问率。

博客系统的需求大致是这些了，如果需要添加其他需求，也可以自行列出来，以便后续的功能分析。

15.3 功能分析

依照上文的需求分析可以得出需要的功能列表：

- 用户模块：用户登录、修改密码、退出登录。
- 文章模块：文章发布、编辑、删除、查看、列表、置顶、排序、分类管理。
- 社交模块：点赞、取消点赞、发布评论、删除评论、评论列表、查看评论、分享。
- 外部模块：接入第三方统计功能。

15.4 数据库设计

经过功能分析之后可以得到功能模块，接下来就是比较重要的数据库设计了。数据库设计合理的话，编码功能会变得很轻松。此外，系统也具有较大的扩展性。我们无法保证程序是一成不变的，需求在变，程序就需要跟着改变。虽然程序可以很方便地改变甚至重新开发，但是数据库不行，数据库存在旧数据，在升级程序的时候需要保留。

依照上文中的功能分析，可以大致知道有哪些必需字段。比如发表文章需要文章 ID、标题、内容、发表时间；文章置顶就需要一个标记字段来标记置顶；文章排序就需要一个排序字段；文章分类就需要一个所属分类 ID。其他功能模块字段的确定也是类似的方法。希望各位读者能在日常工作中学会使用到该方法去设计数据库，当你熟练之后可以采取标准建模方法来进一步规划和设计一个合理的数据库。总之，功能列表中有的功能基本都需要有一个或多个字段和数据表对应。

15.4.1 数据表模型图

数据表关系通过 MySQL Workbench 已经建立完毕，建立依据来源于功能分析，最终关系如图 15-1 所示。

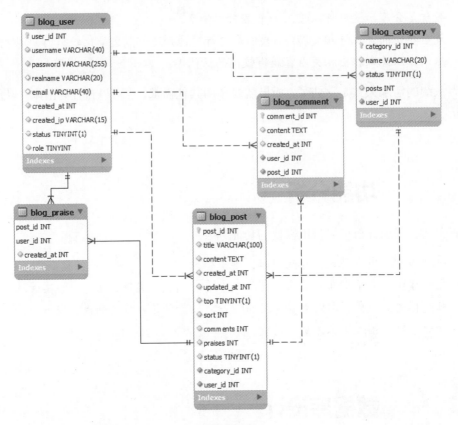

图 15-1

15.4.2 数据库关系说明

- 每个用户可以发表多篇文章，而一篇文章只会有一个发布者，所以用户和文章是一对多关系。
- 每个用户可以对多篇文章进行点赞和取消点赞，每篇文章可以有多个点赞，但是每个用户和每篇文章最多有一条点赞记录，所以用户和点赞是多对多标识关联。
- 每个用户可以对多篇文章进行评论，每篇文章同样可以有多条评论，不同的是，每个用户和每篇文章的评论数是没有上限的（理论上，排除软件和硬件限制），所以评论需要有一个独立主键，通过非标识关系关联。
- 文章分类与文章评论类似，也需要通过非标识关系关联。

15.4.3 数据库字典

数据字段说明可以参看 14 章的相关内容，各表说明如表 15-1~表 15-5 所示。

表 15-1　blog_user（用户表）

字段名称	数据类型	说明	属性
user_id	int	用户 ID	PK/NN/UN/AI
username	varchar(40)	账号	NN/UQ
password	varchar(255)	密码	NN
realname	varchar(20)	姓名	
email	varchar(40)	邮箱	
created_at	int	注册时间	NN/UN
created_ip	varchar(15)	注册 IP	NN
status	tinyint(1)	状态	NN/默认值 1
role	tinyint(1)	角色	NN/默认值 1

表 15-2　blog_category（分类表）

字段名称	数据类型	说明	属性
category_id	int	分类 ID	PK/NN/UN/AI
name	varchar(20)	分类名称	NN
status	tinyint(1)	状态	NN/默认值 1
posts	int	文章数	NN/默认值 0
user_id	int	用户 ID	NN/UN

表 15-3　blog_post（文章表）

字段名称	数据类型	说明	属性
post_id	int	文章 ID	PK/NN/UN/AI
title	varchar(100)	文章标题	NN
content	text	文章内容	NN
created_at	int	发表时间	NN/UN
updated_at	int	编辑时间	NN/默认值 0

（续表）

字段名称	数据类型	说明	属性
top	tinyint(1)	置顶标记	NN/默认值 0
sort	int	排序	NN/默认值 0
comments	int	评论数	NN/默认值 0
praises	int	点赞数	NN/默认值 0
status	tinyint(1)	状态	NN/默认值 1
category_id	int	分类 ID	NN/UN
user_id	int	用户 ID	NN/UN

表 15-4　blog_comment（评论表）

字段名称	数据类型	说明	属性
comment_id	int	评论 ID	PK/NN/UN/AI
content	text	评论内容	NN
created_at	int	评论时间	NN
user_id	int	用户 ID	NN/UN
post_id	int	文章 ID	NN/UN

表 15-5　blog_praise（点赞表）

字段说明	数据类型	说明	属性
post_id	int	文章 ID	PK/NN/UN
user_id	int	用户 ID	PK/NN/UN
created_at	int	点赞时间	NN

15.5　模块设计

依据前文的功能分析可知系统分为网站前台、用户管理端。系统模块结构如图 15-2 所示。

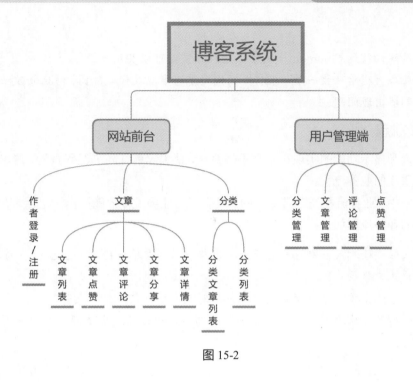

图 15-2

15.5.1 网站前台

1. 代码架构

顾名思义，网站前台就是用来查看文章以及进行社交操作（点赞/评论）的。网站前台的功能主要以展示为主，模块文件如图 15-3 所示。

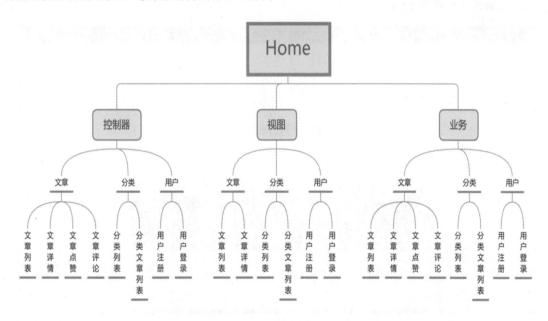

图 15-3

架构说明：

- 模型层建议放到 Common 模块中，这样模型层可以共用。
- 建议业务代码单独放一层，可以提高代码复用率以及代码隔离，防止修改业务代码导致控制器出现问题。

2.核心业务流程

一般的查询和显示功能的实现在本文不做赘述，请大家前往随书源码查看，这里主要讲一下本模块比较重要的业务流程。

在日常开发中，业务流程是非常重要的，只有明白业务流程才能写出满足需求的代码。本模块比较重要的业务流程如下：

- 用户入驻：检测入驻配置→显示入驻表单→填写表单→检测 username→写入 user 表→用户正常登录。
- 点赞：检测文章存在→检测点赞记录→写入点赞记录→文章点赞数+1。
- 评论：检测文章存在→检测评论间隔→写入评论记录→文章评论数+1→写入评论间隔缓存。

3.视图

视图层采用 ThinkPHP 引擎开发，可以使用模板布局来提高代码复用度以及统一度。

视图 UI 采用业界比较热门的开源 CSS 框架——Bootstrap。该框架上手简单，提供了很多开箱即用的组件，适合初学者使用。

Boostrap 官网：https://getbootstrap.com。

Boostrap 效果如图 15-4 所示。

图 15-4

看到这个效果是不是觉得很赞呢？一股简洁风扑面而来！值得庆幸的是，你不需要写 CSS 代码就可以得到这个效果，快去看看吧！

15.5.2 用户管理端

用户管理端主要是文章、分类、评论、点赞管理，代码架构如图 15-5 所示。

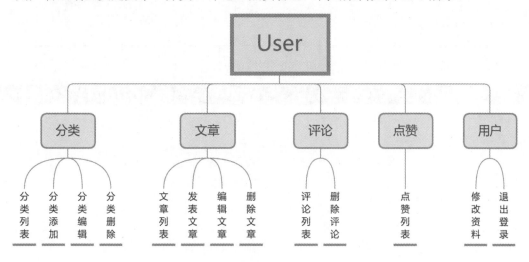

图 15-5

由于代码架构和 Home 模块类似，因此这里不再进行分层，但是实际开发中代码是分层结构。

需要注意的是，评论功能需要列出【我发出的评论】和【我发表文章收到的评论】，点赞也是类似的。这样可以方便后期扩展好友系统之类的，因为博客的交互都是实名制，有历史评论和点赞数据在这里。

4.核心业务流程

- 权限问题：在设计 user 表的时候有 role 字段，通过该字段来标识用户是管理员还是普通用户。当普通用户访问 Admin 模块时需要拦截以防止越权访问。
- 文章删除：文章删除后需要更新分类信息以及删除对应的点赞/评论。

15.6 效果展示

最终效果展示如图 15-6~图 15-17 所示。

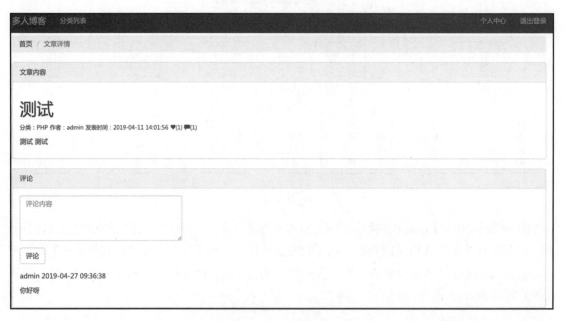

图 15-6（网站首页）

图 15-7（文章详情页）

图 15-8（分类列表）

图 15-9（个人中心）

图 15-10（文章管理）

图 15-11（发布文章）

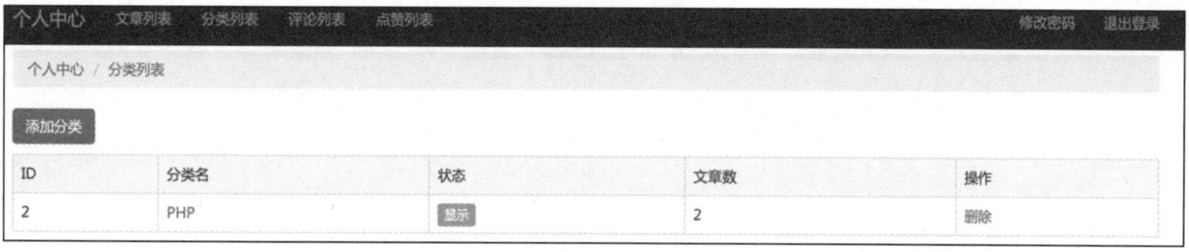

图 15-12（分类管理）

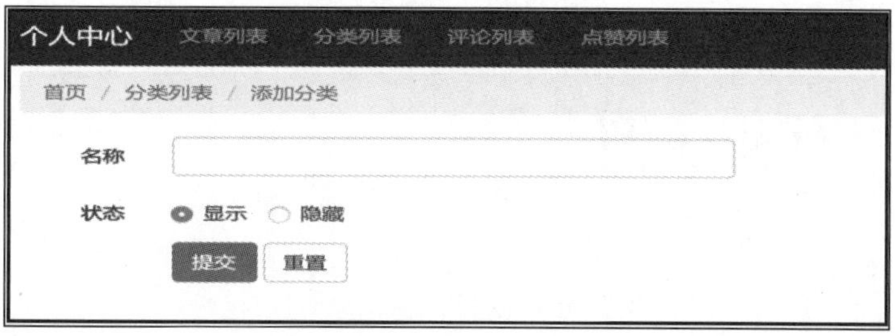

图 15-13（添加分类）

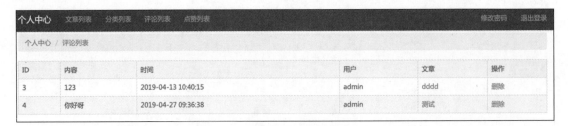

图 15-14（评论管理）

图 15-15（点赞管理）

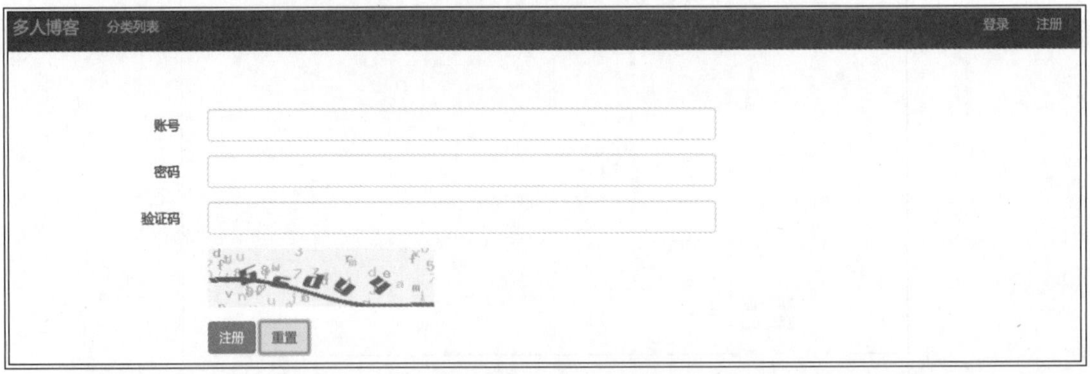

图 15-16（用户注册）

图 15-17（用户登录）

15.7 代码示例

15.7.1 用户注册

- application/index/controller/User.php

```php
public function signup()
{
    $this->assign('title', '用户注册');
    return $this->fetch();
}

public function do_signup(Request $request)
{
    $validator = new Validate([
        'captcha' => 'require|captcha',
        'username' => 'require|alphaNum|max:40',
        'password' => 'require',
    ]);
    if (!$validator->check($request->post())) {
        $this->error($validator->getError());
    }
    try {
        $username = $request->post('username');
        $password = $request->post('password');
        if (!$this->service->signup($username, $password))
        {
            $this->error('注册失败');
        }
        $this->success('注册成功!', 'signin');
    } catch (Exception $e) {
        $this->error($e->getMessage());
    }
}
```

- application/common/service/UserService.php

```php
public function signup($username, $password)
{
    // 检查账号是否存在
    $user = User::get(['username' => $username]);
    if (!empty($user)) {
        throw new Exception('用户名已存在');
    }
    $password = password_hash($password, PASSWORD_DEFAULT);
    $user = new User();
    $user->data(['username' => $username, 'password' => $password]);

    return $user->save();
```

}
```

## 15.7.2 用户登录

- application/index/controller/User.php

```php
public function signin()
{
    $this->assign('title', '用户登录');
    return $this->fetch();
}

public function do_signin(Request $request)
{
    $validator = new Validate([
        'username' => 'require|alphaNum|max:40',
        'password' => 'require',
    ]);
    if (!$validator->check($request->post())) {
        $this->error($validator->getError());
    }
    try {
        $username = $request->post('username');
        $password = $request->post('password');
        $this->service->signin($username, $password);
        $this->success('登录成功!', '/user');
    } catch (Exception $e) {
        $this->error($e->getMessage());
    }
}
```

- application/index/service/UserService.php

```php
public function signin($username, $password)
{
    $user = User::get(['username' => $username]);
    if (empty($user) || !password_verify($password, $user->password))
    {
        throw new Exception('用户名或密码错误');
    }
    session(self::SESSION_KEY, $user);
    return $user;
}
```
```

15.7.3 文章详情

- application/index/controller/Post.php

```php
public function show(Request $request)
{
    $id = $request->param('id');
    if (empty($id)) {
        $this->error('您的请求有误');
    }
    $post = $this->postService->show($id, $this->userId());
    $comment_list = $this->commentService->all($id);

    $this->assign('login_url', url('user/signin'));
    $this->assign('post', $post);
    $this->assign('comment_list', $comment_list);
    return $this->fetch();
}
```

- application/index/service/PostService.php

```php
public function show($id, $userId = 0)
{
    $model = new Post();
    /** @var Post $data */
    $data = $model->where('post_id', $id)->where('status', Post::STATUS_VISIBLE)->with(['user', 'category'])->find();
    if (empty($data)) {
        throw new Exception('文章不存在');
    }
    if (empty($userId) && $data->status != Post::STATUS_VISIBLE)
    {
        throw new Exception('文章不存在');
    }
    return $data;
}
```

- application/index/view/post/show.html

```html
<div class="post-show">
<ol class="breadcrumb">
<li><a href="{:url('/')}">首页</a></li>
<li class="active">文章详情</li>
</ol>
<div class="panel panel-default">
<div class="panel-heading">文章内容</div>
```

```html
<div class="panel-body">
<h1>{$post.title}</h1>
<p>
<small>分类：<a href="{:url('',['category_id'=>$post['category_id']])}">{$post.category.name}</a></small>
<small>作者：{$post.user.username}</small>
<small>发表时间：{$post.created_at}</small>
<small>
<a href="{:url('post/praise',['id'=>$post['post_id']])}"><i class="glyphicon glyphicon-heart"></i>({$post.praise_count})</a>
</small>
<small><i class="glyphicon glyphicon-comment"></i>({$post.comment_count})</small>
</p>
<p>{$post.content}</p>
</div>
</div>
<!--评论-->
<div class="panel panel-default">
<div class="panel-heading">评论</div>
<div class="panel-body">
<empty name="Think.session.user">
<a href="{$login_url}">登录</a>后可以评论文章。
<else/>
<form action="{:url('post/comment',['id'=>$post['post_id']])}" method="post" class="form-horizontal">
    <div class="form-group">
    <div class="col-md-4">
    <textarea placeholder="评论内容" name="content" class="form-control" required rows="4"></textarea>
    </div>
    </div>
    <div class="form-group">
    <div class="col-md-4">
    <button type="submit" class="btn btn-default">评论</button>
    </div>
    </div>
</form>
<volist name="comment_list" id="comment">
<div class="media">
<div class="media-body">
<p>{$comment.user.username} {$comment.created_at}</p>
```

```
        <p>{$comment.content}</p>
    </div>
</div>
</volist>
</empty>
</div>
</div>
</div>
```

15.7.4 发表文章

- application/user/controller/Post.php

```
public function publish()
{
    $categories = $this->categoryService->all($this->userId(),
\app\common\model\Category::STATUS_VISIBLE);
    $this->assign('categories', $categories);
    return $this->fetch();
}

public function do_publish(Request $request)
{
    $validator = new Validate([
        'title' => 'require|max:100',
        'content' => 'require',
        'category_id' => 'require'
    ]);
    if (!$validator->check($request->post())) {
        $this->error($validator->getError());
    }
    $this->postService->publish($this->userId(),
$request->post());
    $this->success('保存成功', 'index');
}
```

- application/user/service/PostService.php

```
public function publish($userId, array $data)
{
    Db::transaction(function () use ($userId, $data) {
        $category = Category::get([
            'user_id' => $userId,
            'category_id' => $data['category_id'],
        ]);
```

```php
        if (empty($category)) {
            throw new Exception('分类不存在');
        }
        $category->posts++;
        if (!$category->save()) {
            throw new Exception('发表失败');
        }

        $post = new Post();
        $data['user_id'] = $userId;
        $post->data($data);
        if (!$post->save()) {
            throw new Exception('发表失败');
        }
    });
}
```

- application/user/view/post/publish.html

```
    <ol class="breadcrumb">
    <li><a href="{:url('/user')}">首页</a></li>
    <li><a href="{:url('post/index')}">文章列表</a></li>
    <li class="active">发表文章</li>
    </ol>
    <form action="{:url('do_publish')}" class="form-horizontal" method="post">
    <div class="form-group">
    <label for="title" class="col-md-1 control-label">标题</label>
    <div class="col-md-4">
    <input type="text" class="form-control" id="title" name="title" maxlength="100" required>
    </div>
    </div>
    <div class="form-group">
    <label for="category_id" class="col-md-1 control-label">分类</label>
    <div class="col-md-4">
    <select name="category_id" id="category_id" class="form-control">
    <volist name="categories" id="category">
    <option value="{$category.category_id}">{$category.name}</option>
    </volist>
    </select>
    </div>
```

```html
    </div>
    <div class="form-group">
    <label class="col-md-1 control-label">状态</label>
    <div class="col-md-4">
    <label class="radio-inline">
    <input type="radio" name="status" value="1" checked>草稿
    </label>
    <label class="radio-inline">
    <input type="radio" name="status" value="2">显示
    </label>
    <label class="radio-inline">
    <input type="radio" name="status" value="3">隐藏
    </label>
    </div>
    </div>
    <div class="form-group">
    <label for="sort" class="col-md-1 control-label">排序</label>
    <div class="col-md-4">
    <input type="text" class="form-control" id="sort" name="sort" value="0" required>
    </div>
    </div>
    <div class="form-group">
    <label for="content" class="col-md-1 control-label">内容</label>
    <div class="col-md-4">
    <textarea name="content" id="content" class="form-control" rows="10" required></textarea>
    </div>
    </div>
    <div class="form-group">
    <div class="col-md-4 col-md-offset-1">
    <button class="btn btn-primary">提交</button>
    <button class="btn btn-default" type="reset">重置</button>
    </div>
    </div>
    </form>
```

15.7.5　接入统计系统

（1）登录 tongji.baidu.com。

（2）点击应用管理。

（3）添加站点（需要公网部署的网站）。

（4）复制统计代码。

（5）粘贴到网站前端布局文件中即可。如果产生了访问，百度统计后台可以看到结果。

15.8 项目总结

博客系统作为本书的第一个示例项目，演示了 ThinkPHP 常用的技术、模块、视图渲染等。当然系统还是存在一定的升级空间，比如添加总管理后台管理读者和文章、加入友情链接模块等，有兴趣的读者可以尝试实现。

"麻雀虽小，五脏俱全"。本章的项目是一个完整项目的开发流程，包括前期需求分析、系统模块、数据库设计、项目编码、测试上线等。

本章接下来的项目复杂度会提升一点，希望各位读者能够把本章理解透彻，特别是项目开发流程，这个对于以后的工作会有很大帮助，也便于培养自己的编码风格。

15.9 项目完整代码

本项目已经托管到 github.com，地址为 https://github.com/xialeistudio/thinkphp5-inaction/blog。各位读者有任何问题都可以在 github.com 上提 issue。

第 16 章
图书管理系统开发

"书籍是人类进步的阶梯",现在有很多图书馆,我们借书和读书也比较方便,针对大量的书籍数据和用户数据,图书馆一般会采用现代化的图书管理系统来管理书籍、读者等。

16.1 项目目的

本章打算使用 ThinkPHP 5 开发一个图书管理系统,主要用于管理读者、书籍、书籍借阅。本章采取了 MVC+Repository+Service 的代码分层方式。在中大型企业应用的开发过程中,传统的 MVC 模型已经无法应对多变的需求和多变的外部环境,降低系统复杂度的一个重要方法就是"分而治之",每一部分只负责一件事情,传统的 MVC 模型中业务模型如果写在 Controller 层,将造成代码无法复用的问题(Controller 一般面向客户端请求,不存在互相调用的情况,当然如果非要实例化控制器之后调用方法从技术实现上是可以的,只是不满足项目规范罢了)。

16.2 MVC+Repository+Service 介绍

MVC 模式不多做介绍,核心就是"Model+Controller+View"的形式。Model 负责数据操作,Controller 负责接收 View 提供的数据,调动 Model 方法之后将结果交给 View 渲染,View 收集交互数据后上报给 Controller。

Repository 的释义是"仓储层",可以看到它跟 Model 层是很相似的。事实上也是如此,Repository 的确跟数据库打交道,但是更重要的功能是负责沟通数据库记录与应用对象,以及复杂的数据库查询等。在不更改 Model 继承关系的情况下,可以将一些常用的 CURD 操作封装到 Repository 层,通过工厂方法传入 Model 的 className 实现类似"泛型"效果。此外,Repository 只负责数据库操作,不含业务逻辑,所以以往 Model 查询时不存在可以抛出异常的场景在 Repository 中只需要返回空数据,不需要抛出异常。

Service 是针对业务逻辑进行编程的,该层不与数据打交道,可能拿到 Repository 返回的 Model 的数据后直接操作再保存,挺方便的,但是该做法违反了低耦合原则,Service 应该只和 Repository 打交道。试想一下,Service 如果同时和 Model(数据更新的时候最容易发送,因为拿到 Model 之后保存是自然反应）以及 Repository（复杂查询或者基本 CURD 操作会调用）产生关系，就会导致系统复杂性上升，因为 Repository 并没有起到隔离 Service 和 Model 的作用。

16.3 需求分析

图书管理系统的业务逻辑比较复杂（需要特定领域或者行业的人员才能清楚），本章只实现核心需求。核心需求有以下几点：

（1）书籍管理。图书馆有大量的书籍，可能经常会发生书籍的变动（借阅不算），这时就需要将书籍登记在册，包括新书入库之类的，以方便后续管理。

（2）读者管理。图书馆最重要的用户是读者，图书借阅也是以读者为单位来开展的。图书馆可能需要查看有多少借书用户、借书量比较大的用户，以及提醒借阅延期的用户及时还书等。

（3）借阅管理。图书馆最核心的业务是图书借阅，图书借阅涉及的实体有读者和书籍，一名读者借出一本书就可以看作一次借阅了。当然也有复杂一点的，一名读者一次借书算一次借阅，多本书籍只算一次借阅，有点类似于电商订单的形式。

16.4 功能分析

需求分析一般是领域内人员用自然语言表述出来的，但是离步入开发还是有一段距离的，功能分析的目的就是为了打通客户需求和技术之间的壁垒，通过分析的方式将非技术语言转换为技术语言。

结合需求分析来看，本章的图书管理系统有以下模块：

- 管理员模块，负责书籍添加/编辑、读者管理和借阅管理。
- 读者模块，负责读者添加/管理/查询等功能。
- 书籍模块，负责添加/编辑/查看书籍。
- 借阅模块，负责图书借阅/借阅管理。

16.5 模块设计

根据功能分析得出大致的模块以及模块的组成。当然，对于一些关键操作，比如图书管理系统中书籍的所有操作记录都需要有，这样从书籍入库到最终借阅出去的一整个流程就都可以清晰地记录了,方便查看书籍借阅的一些历史信息等。图书管理系统模块架构如图 16-1 所示。

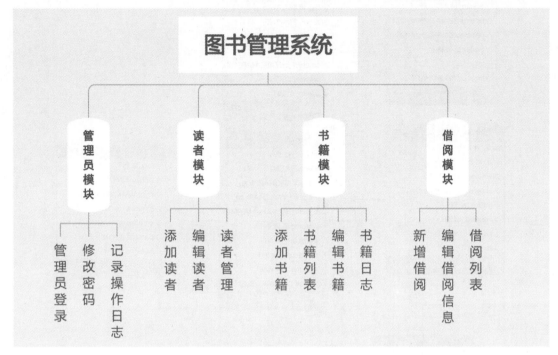

图 16-1

16.6 数据库设计

数据库设计其实是依赖于功能分析以及模块设计的,从图 16-1 可以得出需要以下数据表来保存数据:

- 管理员模块:admin 表、admin_log 表(记录操作日志、登录信息等)。
- 读者模块:user 表。
- 书籍模块:book 表、book_log 表(记录书籍日志)。
- 借阅模块:book_lending 表。

16.6.1 数据库模型关系

图书管理系统表间关系比较简单,但是数据的完整性要求比较高,所以需要完善的日志来辅助记录比较具体的信息。数据库建模软件采用 MySQL Workbench,模型图如图 16-2 所示。

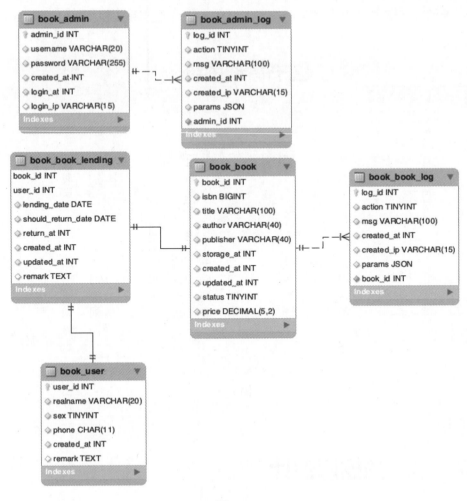

图 16-2

16.6.2　数据库关系说明

依据模块设计中各功能模块的关系图可以得出以下关系：

- 管理员日志需要记录管理员 ID，所以管理员和管理员日志是一对多的关系。
- 同样书籍日志记录的是书籍的流动信息，比如入库、借出等，所以书籍和书籍日志是一对多的关系。
- 本系统对于借阅的定义是：一名读者借一本书算一次借阅，如果一次借十本就算十次借阅。一般情况下可能会设计成类似于电商订单的模型，一名读者借一次书算一次借阅（一个订单），具体借了多少本书可以算成这笔订单下有多少个商品。针对本系统的模型，书籍 ID+用户 ID 才可以构成一次借阅，所以借阅记录是联合主键。

16.6.3 数据库字典

该数据库中涉及的表如表 16-1~表 16-6 所示。

表 16-1 book_admin（管理员）

字段名称	字段类型	字段说明	字段属性
admin_id	int	管理员 ID	AI/PK/NN/UN
username	varchar(20)	账号	NN/UQ
password	varchar(255)	密码	NN
created_at	int	添加时间	NN
login_at	int	最后登录时间	NN
login_ip	varchar(15)	最后登录 IP	NULL

表 16-2 book_admin_log（管理员日志）

字段名称	字段类型	字段说明	字段属性
log_id	int	日志 ID	AI/PK/NN/UN
action	tinyint	动作类型	NN
msg	varchar(100)	日志内容	NN
created_at	int	记录时间	NN
created_ip	varchar(15)	记录 IP	NN
params	json	其他参数	NULL
admin_id	int	管理员 ID	NN/UN

表 16-3 book_book（书籍表）

字段名称	字段类型	字段说明	字段属性
book_id	int	书籍 ID	AI/PK/NN/UN
isbn	bigint	ISBN 编号	NN
title	varchar(100)	标题	NN
author	varchar(40)	作者	NN

（续表）

字段名称	字段类型	字段说明	字段属性
publisher	varchar(40)	出版社	NN
storage_at	int	入库时间	NN
created_at	int	添加时间	NN
updated_at	int	编辑时间	NN
status	tinyint	状态	NN
price	decimal(5,2)	价格	NN

表 16-4　book_book_lending（书籍借阅记录表）

字段名称	字段类型	字段说明	字段属性
book_id	int	书籍 ID	PK/UN/NN
user_id	int	读者 ID	PK/UN/NN
lending_date	date	借阅日期	NN
should_return_date	date	应还日期	NN
return_at	int	还书时间	NN
created_at	int	创建时间	NN
updated_at	int	编辑时间	NN
remark	text	备注	NULL

表 16.5　book_book_log（书籍日志）

字段名称	字段类型	字段说明	字段属性
log_id	int	日志 ID	PK/AI/NN/UN
action	tinyint	动作	NN
msg	varchar(100)	日志内容	NN
created_at	int	记录时间	NN
created_ip	varchar(15)	记录 IP	NN
params	json	额外参数	NN
book_id	int	书籍 ID	NN/UN

表 16-6 blog_user（读者表）

字段名称	字段类型	字段说明	字段属性
user_id	int	读者 ID	AI/NN/UN/PK
realname	varchar(20)	姓名	NN
sex	tinyint	性别	NN
phone	char(11)	手机	NN/NQ
created_at	int	添加时间	NN
remark	text	备注	NULL

16.7 核心业务流程

图书管理系统的核心业务流程是书籍的借阅与归还，因为这是最多的业务场景：

- 借书时需要判断书籍状态，已借出的书籍不能再借，否则会产生数据错误。
- 需要判断借书日期与应还日期，应还日期应该晚于借书日期。
- 需要写入管理员操作日志与书籍流水日志。

16.8 效果展示

图书管理系统的界面如图 16-3~图 16-10 所示。

图 16-3（管理员登录）

图 16-4（书籍管理）

图 16-5（添加书籍）

图 16-6（借书管理）

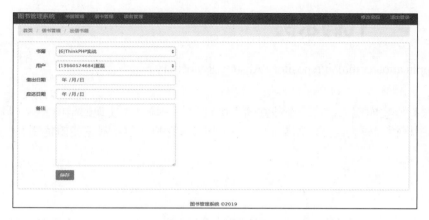

图 16-7（出借书籍）

图 16-8（读者管理）

图 16-9（添加读者）

图 16-10（修改密码）

16.9 代码示例

- application/common/repository/AbstractRepository.php

```php
<?php
/*抽象仓库层实现，通过一个独立的类接收传入的模型类实现通用的CURD操作，
*减少了样板代码。当然，如果PHP支持泛型那将是一项非常完美的特性！
*/
/**
 * @author xialeistudio <xialeistudio@gmail.com>
 */

namespace app\common\repository;


use app\common\BaseObject;
use app\common\model\BaseModel;
use PDOStatement;
use think\Collection;
use think\db\exception\DataNotFoundException;
use think\db\exception\ModelNotFoundException;
use think\Exception;
use think\exception\DbException;
use think\Model;
use think\Paginator;

/**
 * 仓储层
 * Class AbstractRepository
 * @package app\common\repository
 */
abstract class AbstractRepository extends BaseObject
{
    /**
     * 模型类
     * @return string|Model
     */
    abstract protected function modelClass();

    /**
     * 新增数据
     * @param array $data
```

```php
 * @return mixed|BaseModel
 * @throws Exception
 */
public function insert(array $data)
{
    $className = $this->modelClass();
    /** @var BaseModel $model */
    $model = new $className();
    $model->data($data);
    return $model->save();
}

/**
 * 查找一条数据
 * @param array $conditions
 * @return BaseModel|mixed
 * @throws DbException
 */
public function findOne(array $conditions)
{
    $className = $this->modelClass();
    return $className::get($conditions);
}

/**
 * 更新数据
 * @param Model $model
 * @param array $data
 * @return mixed|BaseModel
 */
public function update(Model $model, array $data)
{
    return $model->save($data);
}

/**
 * 删除数据
 * @param array $conditions
 * @return int
 * @throws Exception
 */
public function delete(array $conditions)
{
```

```php
        $className = $this->modelClass();
        /** @var Model $model */
        $model = new $className();
        $deleteCount = $model->where($conditions)->delete();
        if (!$deleteCount) {
            throw new Exception('删除失败');
        }
        return $deleteCount;
    }

    /**
     * 分页数据
     * @param int $size
     * @param array $conditions
     * @param array $with
     * @param array $orderBy
     * @param array $excludeFields
     * @return Paginator
     * @throws DbException
     */
    public function listByPage($size = 10, array $conditions = [], $with = [], $orderBy = [], $excludeFields = [])
    {
        $className = $this->modelClass();
        /** @var Model $model */
        $model = new $className();
        $model->where($conditions)->with($with)->order($orderBy);
        if (!empty($excludeFields)) {
            $model->field($excludeFields, true);
        }
        return $model->paginate($size);
    }

    /**
     * 搜索列表
     * @param int $size
     * @param array $condition
     * @param null $column
     * @param null $keyword
     * @param array $with
     * @param array $orderBy
     * @param array $excludeFields
     * @return Paginator
```

```php
     * @throws DbException
     */
    public function listBySearch($size = 10, $condition = [], $column = null, $keyword = null, $with = [], $orderBy = [], $excludeFields = [])
    {
        $className = $this->modelClass();
        /** @var Model $model */
        $model = new $className();
        if (!empty($condition)) {
            $model->where($condition);
        }
        if (!empty($keyword) && !empty($column)) {
            $model->whereLike($column, '%' . $keyword . '%');
        }
        $model->with($with)->order($orderBy);
        if (!empty($excludeFields)) {
            $model->field($excludeFields, true);
        }
        return $model->paginate($size);
    }

    /**
     * 获取所有数据
     * @param array $conditions
     * @return false|PDOStatement|string|Collection
     * @throws DbException
     * @throws DataNotFoundException
     * @throws ModelNotFoundException
     */
    public function all(array $conditions = [])
    {
        $className = $this->modelClass();
        /** @var Model $model */
        $model = new $className();
        if (!empty($conditions)) {
            $model->where($conditions);
        }
        return $model->select();
    }
}
```

- application/common/repository/Repository.php

```php
<?php
/**
 * @author xialeistudio <xialeistudio@gmail.com>
 */

namespace app\common\repository;

use think\Model;

class Repository extends AbstractRepository
{
    private $modelClass;

    /**
     * @var array 仓储 [模型类=>仓储实例]
     */
    private static $repositories = [];

    /**
     * Repository constructor.
     * @param $modelClass
     */
    private function __construct($modelClass)
    {
        $this->modelClass = $modelClass;
    }

    /**
     * @param string $modelClass
     * @return AbstractRepository|mixed
     */
    public static function ModelFactory($modelClass)
    {
        if (!isset(self::$repositories[$modelClass])) {
            self::$repositories[$modelClass] = new Repository($modelClass);
        }
        return self::$repositories[$modelClass];

    }
```

```
    /**
     * 模型类
     * @return string|Model
     */
    protected function modelClass()
    {
        return $this->modelClass;
    }
}
```

Repository::ModelFactory($modelClass)是主要方法，该方法返回传入的模型类实例，通过静态$repositories 属性存储已经实例化的类，减少系统内存占用以及初始化开销。

- application/common/service/AdminService.php

```
/**
 * 登录
 * @param string $username
 * @param string $password
 * @param string $ip
 * @return Admin
 * @throws DbException
 * @throws Exception
 */
public function login($username, $password, $ip)
{
    /** @var Admin $admin */
    $admin =
Repository::ModelFactory(Admin::class)->findOne(['username' =>
$username]);
    if (empty($admin) || !password_verify($password,
$admin->password)) {
        throw new Exception('账号或密码错误');
    }

    session(self::SESSION_LOGIN_KEY, [$admin->login_at,
$admin->login_ip]);
    session(self::SESSION_KEY, $admin);
    Repository::ModelFactory(Admin::class)->update($admin,
['login_at' => time(), 'login_ip' => $ip]);
    $this->log($admin->admin_id, AdminLog::ACTION_LOGIN, '登录', [],
$ip);
    return $admin;
}
```

可以看到 Repository 和 Service 的职责相当分明，之前查找完 model 之后修改属性往往就直接保存到数据库了，采用 Repository 可以统计所有 model 的行为，比如需要做数据快照，只需要修改仓库层方法即可。

- application/common/service/BookLendService.php

```php
/**
 * 借出
 * @param $bookId
 * @param $userId
 * @param $adminId
 * @param $ip
 * @param array $data
 * @return mixed
 */
public function lend($bookId, $userId, $adminId, $ip, array $data)
{
    $data = ArrayHelper::filter($data, ['lending_date', 'should_return_date', 'remark']);
    return Db::transaction(function () use ($bookId, $userId, $adminId, $ip, $data) {
        $book = BookService::Factory()->findOne($bookId);
        if ($book->status != Book::STATUS_NORMAL) {
            throw new Exception('该书籍已借出');
        }
        if (strtotime($data['should_return_date']) < strtotime($data['lending_date'])) {
            throw new Exception('应还日期错误');
        }
        Repository::ModelFactory(Book::class)->update($book, ['status' => Book::STATUS_LEND]);
        // 借出记录
        Repository::ModelFactory(BookLending::class)->insert([
            'book_id' => $bookId,
            'user_id' => $userId,
            'lending_date' => $data['lending_date'],
            'should_return_date' => $data['should_return_date'],
            'return_at' => 0,
            'remark' => $data['remark']
        ]);
        // 日志
        AdminService::Factory()->log($adminId, AdminLog::ACTION_LEND_BOOK, '书籍借出', ['book_id' => $bookId, 'user_id' => $userId], $ip);
```

```
            BookService::Factory()->log($bookId, BookLog::ACTION_LEND,
'借出', ['admin_id' => $adminId], $ip);
            return $book;
        });
    }
```

书籍借阅采用了闭包调用事务的方法,如果闭包函数中未抛出异常则事务自动提交;如果抛出了异常则自动回滚事务。整个事务是透明的,安心处理业务逻辑即可。

Repository 的公用方法优势已经体现出来了,不需要再手动实例化模型类即可完成查询。

- application/common/service/BookLendService.php

```
    /**
     * 借出列表
     * @param int $size
     * @param null $keyword
     * @return Paginator
     * @throws DbException
     */
    public function lendList($size = 10, $keyword = null)
    {
        return Repository::ModelFactory(BookLending::class)
            ->listBySearch($size, [], null, null, [
                'book' => function (Query $query) use ($keyword) {
                    if (!empty($keyword)) {
                        $query->whereLike('isbn|title|author|publisher', $keyword);
                    }
                },
                'user' => function (Query $query) use ($keyword) {
                    if (!empty($keyword)) {
                        $query->whereLike('realname|phone', $keyword);
                    }
                }
            ], ['created_at' => 'desc']);
    }
```

借出列表采用了闭包关联筛选的方式,因为需要对关联的数据根据关键词进行筛选。如果有复杂查询,比如过滤关联模型的某些字段等,可以直接操作闭包函数的 Query 对象,语法和普通 Query 操作是一致的。

- application/common/service/BookLendService.php

```
    /**
```

```php
 * 归还书籍
 * @param $bookId
 * @param $userId
 * @param $adminId
 * @param $ip
 * @return mixed
 */
public function return($bookId, $userId, $adminId, $ip)
{
    return Db::transaction(function () use ($bookId, $userId, $adminId, $ip) {
        /** @var BookLending $lend */
        $lend = Repository::ModelFactory(BookLending::class)->findOne(['book_id' => $bookId, 'user_id' => $userId]);
        if (empty($lend)) {
            throw new Exception('借出记录不存在');
        }
        if ($lend->return_at) {
            throw new Exception('该出借已归还');
        }
        Repository::ModelFactory(BookLending::class)->update($lend, ['return_at' => time()]);
        $book = BookService::Factory()->findOne($bookId);
        Repository::ModelFactory(Book::class)->update($book, ['status' => Book::STATUS_NORMAL]);
        // 日志
        AdminService::Factory()->log($adminId, AdminLog::ACTION_RETURN_BOOK, '归还书籍', ['book_id' => $bookId, 'user_id' => $userId], $ip);
        BookService::Factory()->log($bookId, BookLog::ACTION_RETURN, '归还书籍', ['admin_id' => $adminId, 'user_id' => $userId], $ip);
        return $lend;
    });
}
```

书籍归还的业务逻辑跟书籍借阅是类似的，判断完书籍的状态之后保存借阅数据，然后记录日志即可，这里不再赘述。

16.10 项目总结

本章的学习到这里就告一段落了，需要掌握的知识点主要是 Repository+Service 的分层处理。这种方案在各位读者做项目开发时是可以直接拿来使用的，特别是在多人协作开发的时候可以按照分层的方式同步开发，有问题的话只用在本层处理即可。另一个值得说明的是 Repository 和 AbstractRepository 对模型的处理，通过工厂方法传入模型类名即可实现内置 CURD 查询。

本章使用到的设计模式主要是工厂模式和模板方法模式,这两种设计模式在实际开发过程中非常常用，建议各位读者了解一下，设计模式的最终目的是为了降低软件开发的复杂度以及提高系统的可维护性和可扩展性，因为合理的设计模式能够实现"对扩展开放，对修改封闭"。

16.11 项目完整代码

本项目已经托管到 github.com，地址为 https://github.com/xialeistudio/thinkphp5-inaction/library-management。各位读者有任何问题都可以在 github.com 上提 issue。

第 17 章
论坛系统开发

论坛（forum），又名网络论坛，是 Internet 上的一种电子信息服务系统。它提供一块公共电子白板，每个用户都可以在上面书写，可发布信息或提出看法。它是一种交互性强，内容丰富而即时的 Internet 电子信息服务系统。用户在 BBS 站点上可以获得各种信息服务、发布信息、进行讨论、聊天等。

第 15 章的博客系统对于当今的社交系统显得互动性不足，而 BBS 恰好满足了这种需求。发起人发布一个主题，成员在主题下面发表回复，各抒己见，解决了博客系统存在的互动性不强的问题。

17.1 项目目的

本章通过基于 ThinkPHP 开发一个完整的论坛版块，除了实现论坛系统常用的版块管理、主题管理，还会对 ThinkPHP 常用的功能（如验证码、文件上传、复杂验证器、富文本编辑器、复杂模板状态判断）做一次实践，加深读者对以上功能的理解并能运用到实际的学习和工作当中。

17.2 需求分析

经常逛论坛的朋友应该知道，论坛系统一般有以下功能：

- 论坛系统最重要的应该就是发布主题和回复帖子功能,实现这个需求的前提条件是有有效登录的用户，所以这里涉及用户系统和主题/回复系统。
- 主题/回复发布之后需要专人去管理，如果涉及违规内容就要及时编辑或删除。这里涉及主题/帖子内容的管理，一般会交给管理员去做。
- 论坛一般是有多个版块的，每个版块的内容范围相对比较集中，并且每个版块都是有独立版块管理员的。这里涉及版块管理和版主管理。

17.3 功能分析

通过需求分析以及结合各位读者逛论坛的经验可以得到以下功能：

（1）主题/回复管理，包括发表主题/回复、编辑主题/回复、删除主题/回复、帖子操作日志等。

（2）用户管理，包括用户注册、登录、列表查看。

（3）版块管理，包括版块添加、编辑、删除。

（4）管理员功能，包括管理员添加、修改密码、记录日志等。

17.4 模块设计

依据需求分析和功能分析，可以得出大致划分的模块。模块间的关系是比较简单的，比较复杂的业务流程应该是发布帖子，涉及主题写入、用户积分更新、用户发帖数更新、版块帖子数更新等操作。

模块划分的基础一般使用基于主体的方法。本章的论坛系统涉及的主体有用户、主题、回帖、管理员、版块收藏、收藏，基于主体可以划分出如图 17-1 所示的模块结构。

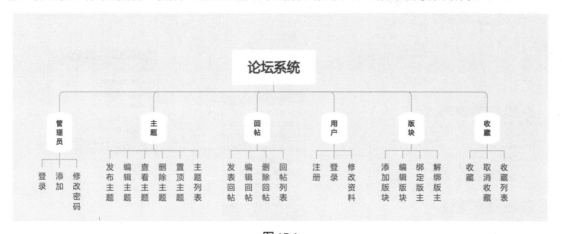

图 17-1

17.5 数据库设计

模块结构一般可以反映出数据库结构，根据图 17-1 所示的模块结构可以得出以下数据表：

（1）管理员模块：admin。

(2)主题模块：topic、topic_score_log（主题积分日志）。

(3)回帖模块：reply。

(4)用户模块：user、user_score_log（用户积分日志）。

(5)版块模块：forum、forum_admin（版主表）。

(6)收藏模块：favorite。

17.5.1 数据库表关系

数据库依旧采用 MySQL Workbench 进行建模，该软件是 MySQL 官方出的，能够很好地切合 MySQL 数据库功能、特性等。数据库表关系如图 17-2 所示。

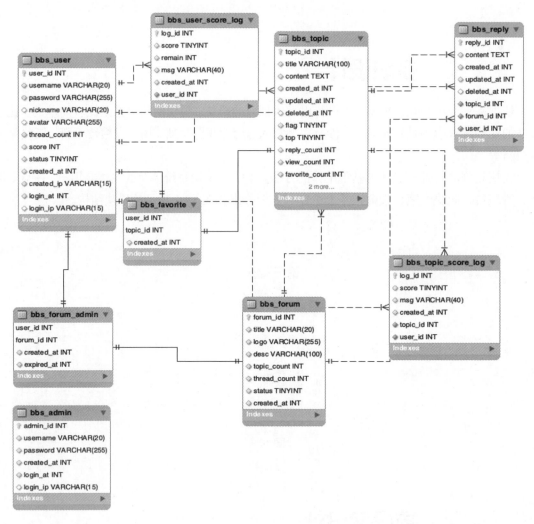

图 17-2

17.5.2 数据库表关系说明

从图 17-2 可以看出 bbs_user 和 bbs_topic 与其他表间的关系非常多，因为论坛系统最重要的功能就是发表帖子，很多功能几乎都是与这两者产生关系的。

值得一提的是版主表和收藏表。首先说的是版主表：一个用户可以担任多个版块的版主，一个版块可以由多个用户担任版主，但是一个用户只能在同一个版块担任一个版主，所以一个用户 ID+一个版块 ID 可以唯一确定一条版主记录。版主表主键是由用户 ID+版块 ID 组成的联合主键。收藏表的关系也是类似的，一个用户可以收藏多篇主题，一篇主题可以被多人收藏，但是一个用户只能收藏一次同一篇主题，所以一个用户 ID+一个主题 ID 可以唯一确定一条收藏记录。收藏表主键是由用户 ID+主题 ID 组成的联合主键。

其他表之间的关系都是比较简单的从属关系，这里不再过多说明。

17.5.3 数据库字典

数据库中各表的说明如表 17-1~表 17-9 所示。

表 17-1 bbs_admin（管理员表）

字段名称	字段类型	字段说明	字段属性
admin_id	int	管理员 ID	AI/NN/UN/PK
username	varchar(20)	账号	NN/UQ
password	varchar(255)	密码	NN
created_at	int	添加时间	NN
login_at	int	最后登录时间	NN
login_ip	varchar(15)	最后登录 IP	NULL

表 17-2 bbs_favorite（收藏表）

字段名称	字段类型	字段说明	字段属性
user_id	int	用户 ID	PK/NN/UN
topic_id	int	主题 ID	PK/NN/UN
created_at	int	收藏时间	NN

表 17-3 bbs_forum（版块表）

字段名称	字段类型	字段说明	字段属性
forum_id	int	版块 ID	PK/AI/NN/UN
title	varchar(20)	版块名称	NN
logo	varchar(255)	版块 LOGO 图片链接	NN
desc	varchar(100)	版块简介	NN
topic_count	int	主题数	NN
thread_count	int	回复数	NN
status	tinyint	状态	NN
created_at	int	添加时间	NN

表 17-4 bbs_forum_admin（版主表）

字段名称	字段类型	字段说明	字段属性
user_id	int	用户 ID	PK/UN/NN
forum_id	int	版块 ID	PK/UN/NN
created_at	int	任职时间	NN
expired_at	int	过期时间	NN

表 17-5 bbs_reply（回复表）

字段名称	字段类型	字段说明	字段属性
reply_id	int	回复 ID	PK/UN/NN/AI
content	text	回复内容	NN
created_at	int	回复时间	NN
updated_at	int	编辑时间	NN
deleted_at	int	删除时间	NULL
topic_id	int	主题 ID	NN/UN
forum_id	int	版块 ID	NN/UN
user_id	int	用户 ID	NN/UN

表 17-6　bbs_topic（主题表）

字段名称	字段类型	字段说明	字段属性
topic_id	int	主题 ID	PK/UN/NN/AI
title	varchar(100)	主题标题	NN
content	text	主题内容	NN
created_at	int	发布时间	NN
updated_at	int	编辑时间	NN
deleted_at	int	删除时间	NULL
flag	tinyint	选项开关	NN
top	tinyint	置顶开关	NN
reply_count	int	回复数	NN
view_count	int	查看数	NN
favorite_count	int	收藏数	NN
forum_id	int	版块 ID	NN/UN
user_id	int	用户 ID	NN/UN

表 17-7　bbs_topic_score_log（主题日志表）

字段名称	字段类型	字段说明	字段属性
log_id	int	日志 ID	PK/UN/NN/AI
score	tinyint	积分	NN
msg	varchar(40)	日志内容	NN
created_at	int	记录时间	NN
topic_id	int	主题 ID	NN/UN
user_id	int	用户 ID	NN/UN

表 17-8　bbs_user（用户表）

字段名称	字段类型	字段说明	字段属性
user_id	int	用户 ID	PK/AI/NN/UN
username	varchar(20)	账号	NN/UN
password	varchar(255)	密码	NN
nickname	varchar(20)	昵称	NULL
avatar	varchar(255)	头像	NULL
thread_count	int	发帖数	NN
score	int	积分	NN
status	tinyint	状态	NN
created_at	int	注册时间	NN
created_ip	varchar(15)	注册 IP	NN
login_at	int	登录时间	NN
login_ip	varchar(15)	登录 IP	NULL

表 17-9　bbs_user_score_log（帖子积分日志）

字段名称	字段类型	字段说明	字段属性
log_id	int	日志 ID	PK/AI/NN/UN
score	int	积分变动	NN
remain	int	剩余积分	NN
msg	varchar(40)	变动原因	NN
created_at	int	日志时间	NN
user_id	int	用户 ID	UN/NN

17.6 效果展示

论坛系统中涉及的界面效果如图 17-3~图 17-25 所示。

图 17-3（论坛首页）

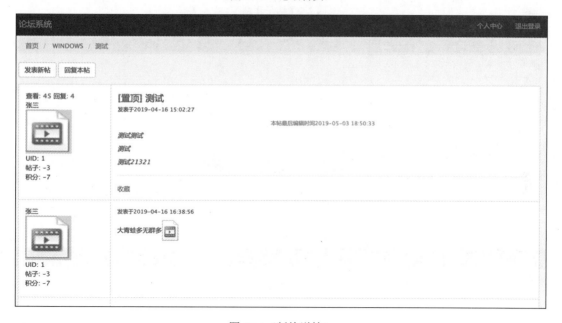

图 17-4（版块详情）

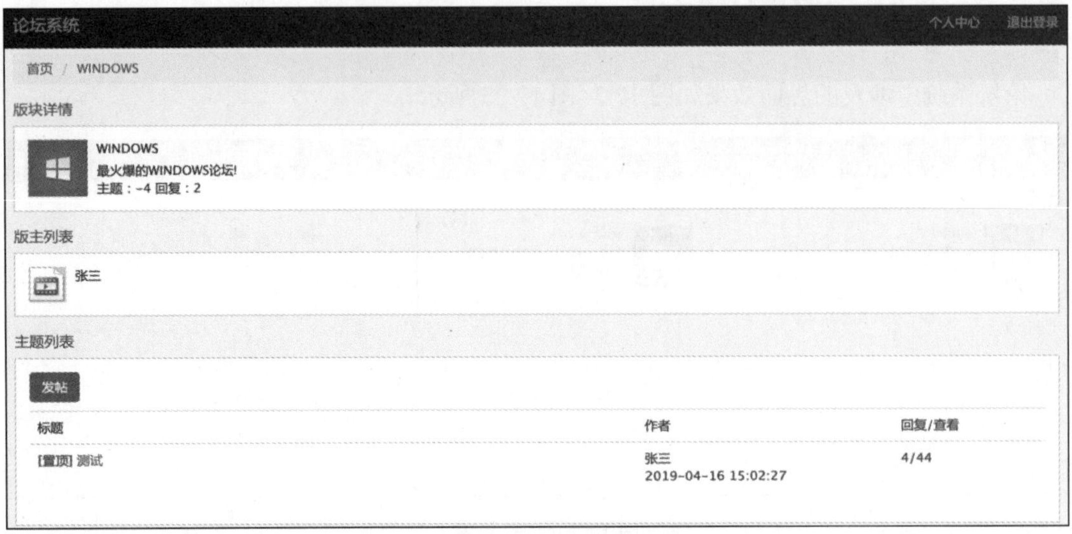

图 17-5（帖子详情）

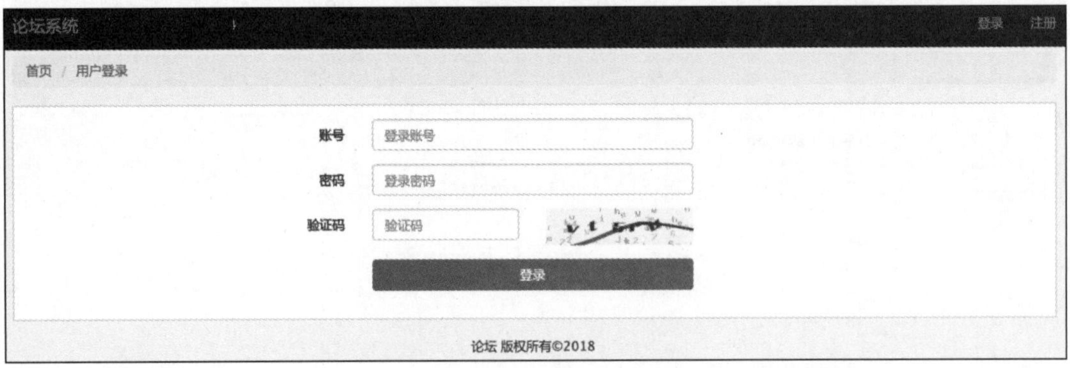

图 17-6（用户登录）

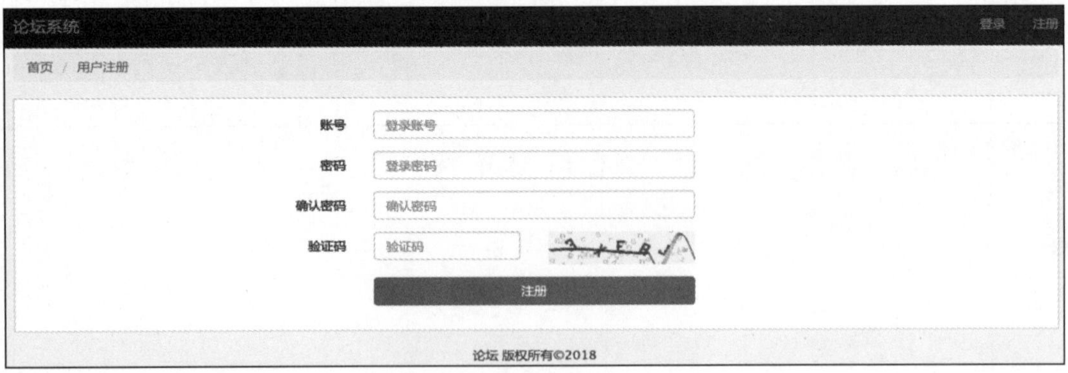

图 17-7（用户注册）

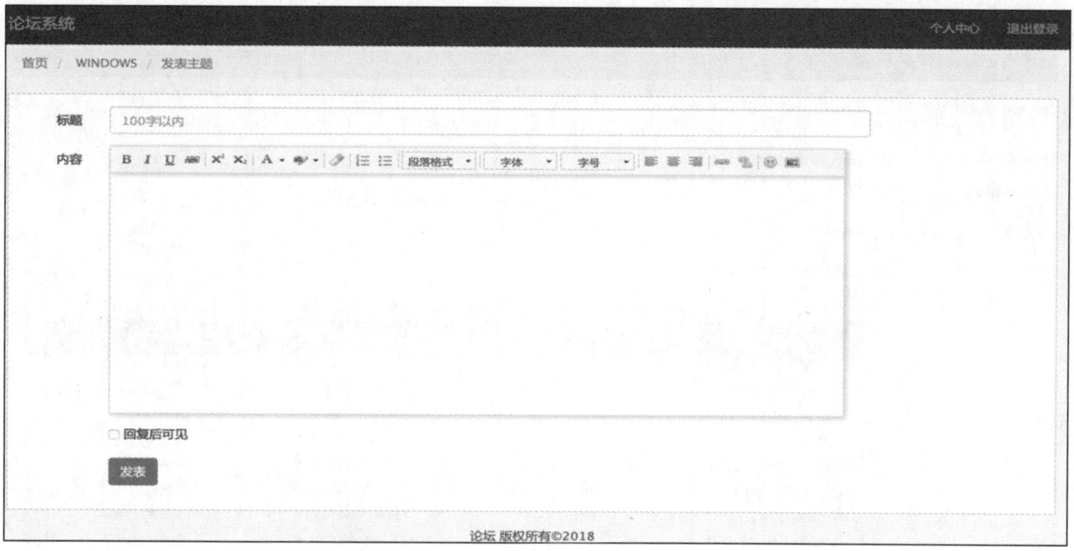

第 17 章 论坛系统开发

图 17-8（发表主题）

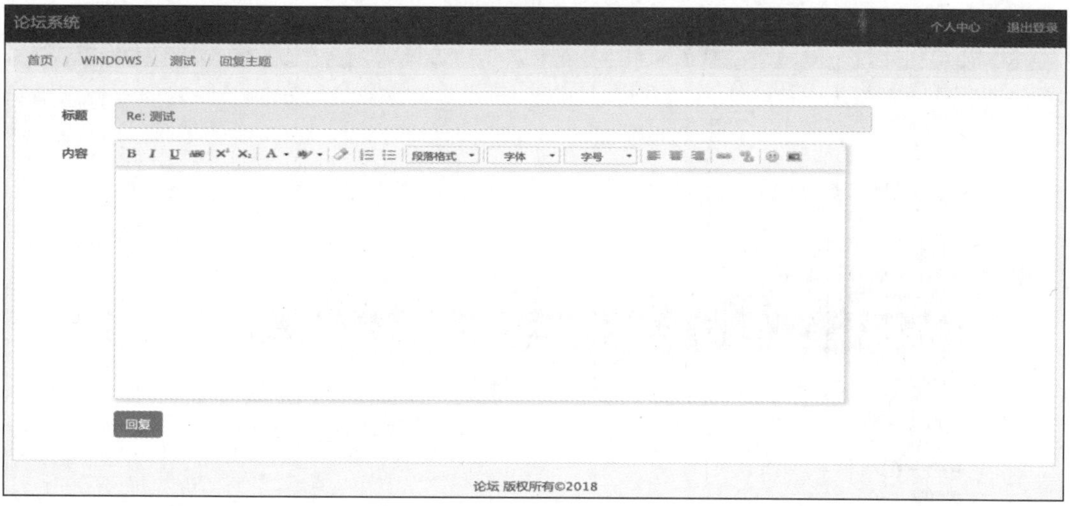

图 17-9（回复主题）

图 17-10（未登录查看回复可见的主题）

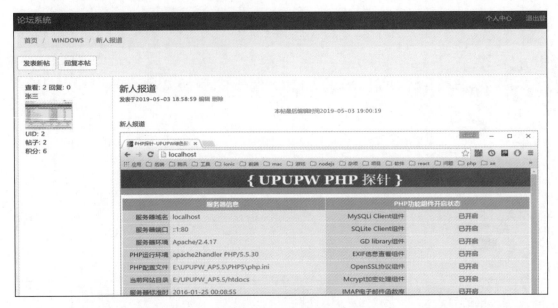

图 17-11（帖子详情）

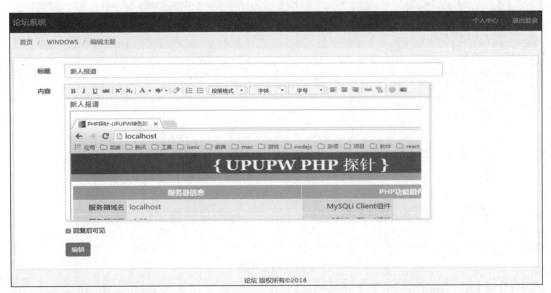

图 17-12（编辑主题）

图 17-13（用户主题列表）

图 17-14（用户回复列表）

图 17-15（用户收藏列表）

图 17-16（用户资料编辑）

图 17-17（管理后台登录）

图 17-18（版块管理）

图 17-19（添加版块）

图 17-20（编辑版块）

图 17-21（版主列表）

图 17-22（添加版主）

图 17-23（用户管理）

图 17-24（主题管理）

图 17-25（修改密码）

17.7 代码示例

17.7.1 用户注册

- application/admin/command/RegisterAdminCommand.php

```php
<?php
/**
 * @author xialeistudio <xialeistudio@gmail.com>
 */

namespace app\admin\command;


use app\common\service\AdminService;
use think\console\Command;
use think\console\Input;
use think\console\input\Argument;
use think\console\Output;
use think\Exception;

class RegisterAdminCommand extends Command
{
    protected function configure()
    {
        $this->setName('admin:register')
            ->setDescription('注册管理员')
            ->addArgument('username', Argument::REQUIRED, '管理员账号')
            ->addArgument('password', Argument::REQUIRED, '管理员密码');
    }

    protected function execute(Input $input, Output $output)
    {
        $username = $input->getArgument('username');
        $password = $input->getArgument('password');
        try {
            $admin = AdminService::Factory()->register($username, $password);
            $output->info(sprintf('添加成功! ID:%d', $admin->admin_id));
```

```php
        } catch (Exception $e) {
            $output->error($e->getMessage());
        }
    }
}
```

17.7.2 新增版块

- application/admin/controller/Forum.php

```php
/**
 * 处理新增版块
 * @param Request $request
 */
public function do_new(Request $request)
{
    $errmsg = $this->validate($request->post(), [
        'title' => 'require|max:20',
        'desc' => 'require|max:100'
    ]);
    if ($errmsg !== true) {
        $this->error($errmsg);
    }
    $errmsg = $this->validate($request->file(), [
        'logo' => 'require|file'
    ]);
    if ($errmsg !== true) {
        $this->error($errmsg);
    }
    try {
        $data = $request->post();
        $data['logo'] = UploadService::Factory()->upload($request->file('logo'));
        ForumService::Factory()->add($data);
        $this->success('添加成功!', 'index');
    } catch (Exception $e) {
        $this->error($e->getMessage());
    }
}
```

17.7.3 编辑版块

- application/admin/controller/Forum.php

```php
/**
```

```php
 * 处理版块编辑
 * @param Request $request
 */
public function do_update(Request $request)
{
    $errmsg = $this->validate($request->post(), [
        'id' => 'require',
        'title|名称' => 'require|max:20',
        'desc|简介' => 'require|max:100'
    ]);
    if ($errmsg !== true) {
        $this->error($errmsg);
    }
    try {
        $data = [
            'title' => $request->post('title'),
            'desc' => $request->post('desc'),
        ];
        $logo = $request->file('logo');
        if (!empty($logo)) {
            $data['logo'] = UploadService::Factory()->upload($logo);
        }
        ForumService::Factory()->update($request->post('id'), $data);
        $this->success('编辑成功', 'index');
    } catch (Exception $e) {
        $this->error($e->getMessage());
    }
}
```

17.7.4 模型基类

重写 delete 和 save 方法，查询失败时将抛出异常，而不是返回 false。

- application/common/model/BaseModel.php

```php
<?php
/**
 * @author xialeistudio <xialeistudio@gmail.com>
 */

namespace app\common\model;
```

```php
use think\Exception;
use think\Model;

/**
 * 模型基类
 * Class BaseModel
 * @package app\common\model
 */
class BaseModel extends Model
{
    /**
     * 删除
     * @return Model|mixed
     * @throws Exception
     */
    public function delete()
    {
        if (!parent::delete()) {
            throw new Exception('删除失败');
        }
        return $this;
    }

    /**
     * 保存数据
     * @param array $data
     * @param array $where
     * @param null $sequence
     * @return Model|mixed
     * @throws Exception
     */
    public function save($data = [], $where = [], $sequence = null)
    {
        if (false === parent::save($data, $where, $sequence)) {
            throw new Exception('保存失败');
        }
        return $this;
    }
}
```

17.7.5 主题模型类

- application/common/model/Topic.php

```php
<?php
/**
 * @author xialeistudio <xialeistudio@gmail.com>
 */

namespace app\common\model;

use app\common\service\ReplyService;
use traits\model\SoftDelete;

/**
 * 主题表
 * Class Topic
 * @package app\common\model
 * @property int $topic_id
 * @property string $title
 * @property string $content
 * @property int $created_at
 * @property int $updated_at
 * @property int $deleted_at
 * @property int $flag
 * @property int $top
 * @property int $reply_count
 * @property int $view_count
 * @property int $favorite_count
 * @property int $forum_id
 * @property int $user_id
 */
class Topic extends BaseModel
{
    use SoftDelete;
    protected $autoWriteTimestamp = true;
    protected $createTime = 'created_at';
    protected $updateTime = 'updated_at';
    protected $deleteTime = 'deleted_at';

    const FLAG_REPLY_VISIBLE = 1 << 0;// 回复后可见(用户设置)

    protected function initialize()
    {
        self::beforeInsert(function (Topic $topic) {
            if (isset($topic->flag)) {
                $topic->flag &= self::FLAG_REPLY_VISIBLE; // 重置flag
```

```
            }
        });
        self::afterDelete(function (Topic $topic) {
ReplyService::Factory()->deleteByTopic($topic->topic_id);
        });
    }

    /**
     * 判断是否回复可见
     * @return int
     */
    public function isReplyVisible()
    {
        return $this->flag & self::FLAG_REPLY_VISIBLE;
    }

    /**
     * 设置是否回复可见
     * @param bool $replyVisible
     */
    public function setReplyVisible($replyVisible)
    {
        $this->flag |= self::FLAG_REPLY_VISIBLE;
        if (!$replyVisible) {
            $this->flag ^= self::FLAG_REPLY_VISIBLE;
        }
    }

    public function user()
    {
        return $this->belongsTo(User::class, 'user_id', 'user_id');
    }

    public function forum()
    {
        return $this->belongsTo(Forum::class, 'forum_id', 'forum_id');
    }
}
```

17.7.6 仓储基类

- application/common/repository/Repository.php

```php
<?php
/**
 * @author xialeistudio <xialeistudio@gmail.com>
 */

namespace app\common\repository;


use app\common\BaseObject;
use PDOStatement;
use think\Collection;
use think\db\exception\DataNotFoundException;
use think\db\exception\ModelNotFoundException;
use think\Exception;
use think\exception\DbException;
use think\Model;
use think\Paginator;

/**
 * 仓储层
 * Class Repository
 * @package app\common\repository
 */
abstract class Repository extends BaseObject
{
    /**
     * 模型类
     * @return string|Model
     */
    abstract protected function modelClass();

    /**
     * 新增数据
     * @param array $data
     * @return mixed|Model
     */
    public function insert(array $data)
    {
        $className = $this->modelClass();
        /** @var Model $model */
```

```php
    $model = new $className();
    $model->data($data);
    return $model->save();
}

/**
 * 查找一条数据
 * @param array $conditions
 * @return Model
 * @throws DbException
 */
public function findOne(array $conditions)
{
    $className = $this->modelClass();
    return $className::get($conditions);
}

/**
 * 更新数据
 * @param Model $model
 * @param array $data
 * @return mixed|Model
 */
public function update(Model $model, array $data)
{
    return $model->save($data);
}

/**
 * 删除数据
 * @param array $conditions
 * @return int
 * @throws Exception
 */
public function delete(array $conditions)
{
    $className = $this->modelClass();
    /** @var Model $model */
    $model = new $className();
    $deleteCount = $model->where($conditions)->delete();
    if (!$deleteCount) {
        throw new Exception('删除失败');
    }
```

```php
        return $deleteCount;
    }

    /**
     * 分页数据
     * @param int $size
     * @param array $conditions
     * @return Paginator
     * @throws DbException
     */
    public function listByPage($size = 10, array $conditions = [])
    {
        $className = $this->modelClass();
        /** @var Model $model */
        $model = new $className();
        return $model->where($conditions)->paginate($size);
    }

    /**
     * 获取所有数据
     * @param array $conditions
     * @return false|PDOStatement|string|Collection
     * @throws DbException
     * @throws DataNotFoundException
     * @throws ModelNotFoundException
     */
    public function all(array $conditions = [])
    {
        $className = $this->modelClass();
        /** @var Model $model */
        $model = new $className();
        if (!empty($conditions)) {
            $model->where($conditions);
        }
        return $model->select();
    }
}
```

17.7.7 主题仓储类

- application/common/repository/TopicRepository.php

```php
<?php
/**
```

```php
 * @author xialeistudio <xialeistudio@gmail.com>
 */

namespace app\common\repository;

use app\common\model\Topic;
use PDOStatement;
use think\Collection;
use think\db\exception\DataNotFoundException;
use think\db\exception\ModelNotFoundException;
use think\Exception;
use think\exception\DbException;
use think\Model;
use think\Paginator;

/**
 * 主题仓储
 * Class TopicRepository
 * @package app\common\repository
 */
class TopicRepository extends Repository
{
    /**
     * 模型类
     * @return string|Model
     */
    protected function modelClass()
    {
        return Topic::class;
    }

    /**
     * 获取帖子详情
     * @param int $topicId
     * @param array $relations
     * @return array|false|PDOStatement|string|Model
     * @throws DataNotFoundException
     * @throws DbException
     * @throws Exception
     * @throws ModelNotFoundException
     */
    public function showWithRelations($topicId, array $relations = [])
```

```php
    {
        $model = new Topic();
        $model->where('topic_id', $topicId);
        $model->with($relations);
        $topic = $model->find();
        if (empty($topic)) {
            throw new Exception('帖子不存在');
        }
        return $topic;
    }

    /**
     * 获取版块帖子列表
     * @param int $forumId
     * @param int $size
     * @return Paginator
     * @throws DbException
     */
    public function listWithUserByForum($forumId, $size = 10)
    {
        $model = new Topic();
        $model->where('forum_id', $forumId);
        $model->with(['user']);
        $model->order(['top' => 'desc', 'topic_id' => 'desc']);
        return $model->paginate($size);
    }

    /**
     * 管理后台帖子列表
     * @param int $forumId
     * @param null $keyword
     * @param int $size
     * @return Paginator
     * @throws DbException
     */
    public function listWithUserWithForum($forumId = 0, $keyword = null, $size = 10)
    {
        $model = new Topic();
        if (!empty($forumId)) {
            $model->where('forum_id', $forumId);
        }
        if (!empty($keyword)) {
```

```php
        $model->where('title', 'like', '%' . $keyword . '%');
    }
    $model->with(['user', 'forum']);
    $model->order(['top' => 'desc', 'topic_id' => 'desc']);
    return $model->paginate($size);
}

/**
 * 用户主题列表
 * @param int $userId
 * @param int $size
 * @return Paginator
 * @throws DbException
 */
public function listWithForumByUser($userId, $size = 10)
{
    $model = new Topic();
    $model->where('user_id', $userId);
    $model->with(['forum']);
    $model->order(['topic_id' => 'desc']);
    return $model->paginate($size);
}

/**
 * 最新帖子
 * @param int $size
 * @return false|PDOStatement|string|Collection
 * @throws DataNotFoundException
 * @throws DbException
 * @throws ModelNotFoundException
 */
public function listLatest($size = 30)
{
    $model = new Topic();
    $model->field('content', true);
    $model->order(['topic_id' => 'desc']);
    $model->limit($size);
    $model->with(['forum', 'user']);
    return $model->select();
}
}
```

17.7.8 用户业务类

- application/common/service/UserService.php

```php
<?php
/**
 * @author xialeistudio <xialeistudio@gmail.com>
 */

namespace app\common\service;


use app\common\BaseObject;
use app\common\helper\ArrayHelper;
use app\common\model\User;
use app\common\repository\UserRepository;
use think\Exception;
use think\exception\DbException;
use think\File;
use think\Model;
use think\Paginator;
use think\Session;

/**
 * 用户业务
 * Class UserService
 * @package app\common\service
 */
class UserService extends BaseObject
{
    const SESSION_KEY = 'user';
    const SESSION_LOGIN = 'user.login';

    /**
     * 注册
     * @param string $username
     * @param string $password
     * @return mixed|Model
     * @throws DbException
     * @throws Exception
     */
    public function register($username, $password)
    {
        $admin = UserRepository::Factory()->findOne(['username' =>
```

```php
$username]);
        if (!empty($admin)) {
            throw new Exception('用户名已存在');
        }
        return UserRepository::Factory()->insert([
            'username' => $username,
            'password' => $password
        ]);
    }

    /**
     * 登录
     * @param string $username
     * @param string $password
     * @param $ip
     * @return User
     * @throws DbException
     * @throws Exception
     */
    public function login($username, $password, $ip)
    {
        /** @var User $user */
        $user = UserRepository::Factory()->findOne(['username' => $username]);
        if (empty($user) || !password_verify($password, $user->password)) {
            throw new Exception('用户名或密码错误');
        }

        session(self::SESSION_LOGIN, [$user->login_at, $user->login_ip]);
        session(self::SESSION_KEY, $user);

        UserRepository::Factory()->update($user, ['login_at' => time(), 'login_ip' => $ip]);
        return $user;
    }

    /**
     * 修改密码
     * @param int $userId
     * @param string $oldPassword
     * @param string $newPassword
```

```php
     * @return mixed|Model
     * @throws DbException
     * @throws Exception
     */
    public function changePassword($userId, $oldPassword, $newPassword)
    {
        /** @var User $user */
        $conditions = ['user_id' => $userId];
        $user = UserRepository::Factory()->findOne($conditions);
        if (empty($user)) {
            throw new Exception('用户不存在');
        }
        if (!password_verify($oldPassword, $user->password)) {
            throw new Exception('旧密码错误');
        }
        return UserRepository::Factory()->update($user, ['password' => $newPassword]);
    }

    /**
     * 用户列表
     * @param int $size
     * @param null $keyword
     * @return Paginator
     * @throws DbException
     */
    public function listByPageByKeyword($size = 10, $keyword = null)
    {
        return UserRepository::Factory()->listByPageByKeyword($size, $keyword);
    }

    /**
     * 排除指定用户的列表
     * @param array $userIds
     * @param int $size
     * @return Paginator
     * @throws DbException
     */
    public function listWithout(array $userIds = [], $size = 10)
    {
        return UserRepository::Factory()->listWithout($userIds,
```

```php
$size);
    }

    /**
     * 获取已登录用户
     * @return mixed
     */
    public function getLoggedUser()
    {
        return session(self::SESSION_KEY);
    }

    /**
     * 退出登录
     */
    public function logout()
    {
        Session::delete(self::SESSION_KEY);
    }

    /**
     * 编辑资料
     * @param string $userId
     * @param array $data
     * @return mixed|Model
     * @throws DbException
     * @throws Exception
     */
    public function updateProfile($userId, array $data)
    {
        $user = UserRepository::Factory()->findOne(['user_id' => $userId]);
        if (empty($user)) {
            throw new Exception('用户不存在');
        }
        $data = ArrayHelper::filter($data, ['nickname', 'avatar', 'password']);
        if (!empty($data['password'])) {
            $data['password'] = password_hash($data['password'], PASSWORD_DEFAULT);
        }
        return UserRepository::Factory()->update($user, $data);
    }
```

```
    /**
     * 查找用户
     * @param int $userId
     * @return User|mixed
     * @throws DbException
     */
    public function show($userId)
    {
        return UserRepository::Factory()->findOne(['user_id' => $userId]);
    }
}
```

17.7.9 自定义配置

- application/extra/app.php

```
<?php
/**
 * 业务配置
 * @author xialeistudio <xialeistudio@gmail.com>
 */
return [
    'score.publish_reply' => 1,// 发表回复
    'score.publish_topic' => 5, // 发表帖子
    'score.top_topic' => 20,//帖子置顶
];
```

17.7.10 读取自定义配置

- application/common/service/ReplyService.php

```
/**
 * 获取积分
 * @return int
 */
public function publishScore(): int
{
    return config('app.score.publish_reply');
}
```

17.7.11 免登录 Action 定义

- application/index/controller/BaseController.php

```php
<?php
/**
 * @author xialeistudio <xialeistudio@gmail.com>
 */

namespace app\index\controller;

use app\common\service\UserService;
use think\Controller;

class BaseController extends Controller
{
    protected $guestActions = [];

    protected function loginRequired()
    {
        $user = UserService::Factory()->getLoggedUser();
        if (empty($user) && !in_array(request()->action(), $this->guestActions)) {
            $this->redirect('/index/user/signin');
        }
        return $user;
    }

    protected function userId()
    {
        $user = $this->loginRequired();
        return $user['user_id'];
    }
}
```

17.7.12 免登录 Action 配置

- application/index/controller/Topic.php

```php
<?php
/**
 * @author xialeistudio <xialeistudio@gmail.com>
 */

namespace app\index\controller;
```

```php
use app\common\service\FavoriteService;
use app\common\service\ForumAdminService;
use app\common\service\ForumService;
use app\common\service\ReplyService;
use app\common\service\TopicService;
use think\db\exception\DataNotFoundException;
use think\db\exception\ModelNotFoundException;
use think\Exception;
use think\exception\DbException;
use think\Request;

class Topic extends BaseController
{
    protected $guestActions = ['show'];

    protected function _initialize()
    {
        $this->loginRequired();
    }

    /**
     * 查看帖子
     * @param Request $request
     * @return mixed
     */
    public function show(Request $request)
    {
        $topicId = $request->param('id');
        if (empty($topicId)) {
            $this->error('您的请求有误');
        }
        try {
            TopicService::Factory()->view($topicId, $request->ip(), $this->userId());
            $topic = TopicService::Factory()->showWithUserWithForum($topicId);
            $replies = ReplyService::Factory()->listWithUserByTopic($topicId);
            $this->assign('topic', $topic);
            $this->assign('replies', $replies);
            $this->assign('firstPage', $request->get('page', 1) == 1);
```

```
            $canView = !$topic->flag ||
ReplyService::Factory()->hasReplied($topicId, $this->userId());
            $canAccess =
TopicService::Factory()->shouldAccess($this->userId(), $topic);
            $this->assign('canView', $canView || $canAccess);
            $this->assign('canAccess', $canAccess);
            $this->assign('userId',$this->userId());
            $this->assign('isAdmin',
ForumAdminService::Factory()->isAdmin($this->userId(),
$topic->forum_id));
            $this->assign('isFavorite',
FavoriteService::Factory()->isFavorite($this->userId(), $topicId));
            return $this->fetch();
        } catch (Exception $e) {
            $this->error($e->getMessage());
        }
    }
}
```

17.7.13 用户注册（显示验证码）

- application/index/view/user/signup.html

```
    <div class="main-box">
    <ol class="breadcrumb">
    <li><a href="{:url('/')}">首页</a></li>
    <li class="active">用户注册</li>
    </ol>
    <div class="content-box">
    <form action="{:url('do_signup')}" method="post"
class="form-horizontal">
    <div class="form-group">
    <label for="username" class="control-label col-md-1
col-md-offset-3">账号</label>
    <div class="col-md-4">
    <input type="text" class="form-control" id="username"
name="username" placeholder="登录账号" required>
    </div>
    </div>
    <div class="form-group">
    <label for="password" class="control-label col-md-1
col-md-offset-3">密码</label>
    <div class="col-md-4">
    <input type="password" class="form-control" id="password"
```

```html
name="password" placeholder="登录密码" required>
    </div>
    </div>
    <div class="form-group">
    <label for="confirm_password" class="control-label col-md-1 col-md-offset-3">确认密码</label>
    <div class="col-md-4">
    <input type="password" class="form-control" id="confirm_password" name="confirm_password" placeholder="确认密码" required>
    </div>
    </div>
    <div class="form-group">
    <label for="captcha" class="control-label col-md-1 col-md-offset-3">验证码</label>
    <div class="col-md-2">
    <input type="text" class="form-control" id="captcha" name="captcha" placeholder="验证码" required>
    </div>
    <div class="col-md-2">
    <img src="{:captcha_src()}" class="img-responsive" alt="验证码">
    </div>
    </div>
    <div class="form-group">
    <div class="col-md-4 col-md-offset-4">
    <button type="submit" class="btn btn-primary btn-block">注册</button>
    </div>
    </div>
    </form>
    </div>
    </div>
```

17.7.14 用户注册（检测验证码）

- application/index/controller/User.php

```php
public function do_signup(Request $request)
{
    $errmsg = $this->validate($request->post(), [
        'username|账号' => 'require|max:20',
        'password|密码' => 'require',
        'confirm_password|确认密码' => 'require|confirm:password',
        'captcha|验证码' => 'require|captcha'
    ]);
    if ($errmsg !== true) {
```

```
            $this->error($errmsg);
        }
        try {
UserService::Factory()->register($request->post('username'),
$request->post('password'));
            $this->success('注册成功!', 'signin');
        } catch (Exception $e) {
            $this->error($e->getMessage());
        }
    }
```

17.8 项目总结

本章的论坛系统项目到这里就告一段落了。值得一提的是本章使用的 Repository 与上一章不同，当每个模型的 Repository 方法比较特殊时（比如复杂的查询条件），可以为每个模型单独新建一个 Repository 类，所以本章仓储层类是比较多的。

本章算是一个比较大型的项目了，各位读者从系统运行截图可以看出来，涉及的界面和功能还是比较多的，因为开发之前已经做了比较完善的分析工作，开发过程中还是比较顺利的，基本上属于"功能填充"类型的开发，不需要在开发的时候考虑模块架构的工作。

17.9 项目完整代码

本项目已经托管到 github.com，地址为 https://github.com/thinkphp5-inaction/bbs。各位读者有任何问题都可以在 github.com 上提 issue。

第 18 章 微信小程序商城系统开发

18.1 项目目的

2019 年谈到微信小程序，相信各位读者都不会陌生。微信小程序是基于微信亿级用户量构建的 APP 平台，通过 wxml、js、wxss 语法进行开发，满足用户"用完即走"的需求，非常轻量化，解决了传统 APP 需要下载的难题，降低了用户门槛，提升了用户体验。

本章基于 ThinkPHP5 开发一个微信小程序的商城项目，实现用户下单购买的需求，让各位读者对于 ThinkPHP5 的 API 开发流程以及小程序开发流程有所熟悉。

18.2 需求分析

各位读者一定用过淘宝或者京东之类的电商应用，实际上电商的核心需求就是用户购买并支付商户，然后收货，之后评价订单，一笔订单就完成了。

虽说核心流程是这样，但是细节方面的要求还是蛮多的，比如下单过程中涉及商品属性的组合问题、优惠活动问题、商品评分之类的问题。本章的商城项目不会实现这么多功能，实现核心的下单支付流程即可。

另外，由于小程序申请微信支付对于个人开发者来说非常麻烦，因此本章的支付功能实际上只是一个订单状态的变更，不涉及具体的支付业务。

18.3 功能分析

根据常用电商应用的功能以及笔者的使用经历可以大致得出以下功能点：

- 商品管理，包含后台添加、编辑、展示商品，前端商品列表、详情。
- 订单管理，包含前台购买、支付，后台展示订单。

- 用户管理，包含用户登录、注册、后台展示用户列表。
- 地址管理，包含前台用户收货信息的管理。

18.4 模块设计

根据需求分析和功能分析，可以得出大致的模块结果，稍微复杂一点的可能是订单这边的逻辑。商城系统的主体有商品、订单、用户、地址，模块关系如图 18-1 所示。

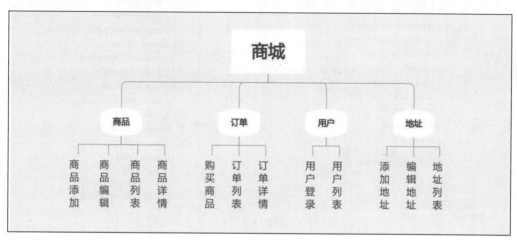

图 18-1

18.5 数据库设计

根据图 18-1 所示的模块结构可以得出以下数据表：

- m_address：用户地址表。
- m_goods：商品表。
- m_order：订单表。
- m_user：用户表。

18.5.1 数据库关系

数据库模型使用 MySQLWorkbench 构建，数据库关系如图 18-2 所示。

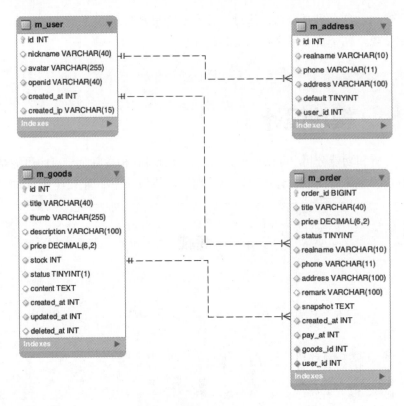

图 18-2

18.5.2 数据库关系说明

商城系统的数据库关系比较简单，地址是属于用户的，所以地址表中由用户表的用户 ID 来标识属于哪个用户。用户购买指定商品即产生了一条订单数据，所以订单表需要商品 ID 和购买者 ID。

需要说明的是订单表的地址，有的读者可能会有疑问：为什么订单表不存在地址 ID 呢？原因是订单一旦下单，地址就应该固定，不跟随用户后期编辑而改变，所以这里只能存具体的值而不能存地址 ID。商品快照也是同理，后期如果商品价格之类的信息被编辑了，也不能影响以前的订单。

18.5.3 数据库字典

本章涉及的数据表如表 18-1~表 18-4 所示。

表 18-1 m_address（地址表）

字段名称	字段类型	字段说明	字段属性
id	int(10)	地址 ID	PK/UN/AI/NN

（续表）

字段名称	字段类型	字段说明	字段属性
realname	varchar(10)	姓名	NN
phone	varchar(11)	手机号码	NN
address	varchar(100)	详细地址	NN
default	tinyint(4)	是否默认	NN
user_id	int(10)	用户 ID	NN/UN

表 18-2　m_goods（商品表）

字段名称	字段类型	字段说明	字段属性
id	int(10)	商品 ID	PK/UN/AI/NN
title	varchar(40)	商品名称	NN
thumb	varchar(255)	商品缩略图	NN
description	varchar(100)	商品简介	NULL
price	decimal(6,2)	商品价格	UN/NN
stock	int(11)	库存	NN
status	tinyint(1)	状态	NN/UN
content	text	商品详情	NN
created_at	int(11)	添加时间	NN
updated_at	int(11)	更新时间	NN
deleted_at	int(11)	删除时间	NULL

表 18-3　m_order（订单表）

字段名称	字段类型	字段说明	字段属性
order_id	bigint(20)	订单 ID	UN/AI/PK/NN
title	varchar(40)	订单名称	NN
price	decimal(6,2)	订单价格	NN

（续表）

字段名称	字段类型	字段说明	字段属性
status	tinyint(4)	订单状态	NN
realname	varchar(10)	收货人	NN
phone	varchar(11)	收货人手机	NN
address	varchar(100)	收货地址	NN
remark	varchar(100)	评论	NN
snapshot	text	商品快照	NN
created_at	int(11)	下单时间	NN
pay_at	int(11)	支付时间	NN
goods_id	int(10)	商品 ID	NN/UN
user_id	int(10)	用户 ID	NN/UN

表 18-4　m_user（用户表）

字段名称	字段类型	字段说明	字段属性
id	int(10)	用户 ID	PK/AI/UN/NN
nickname	varchar(40)	昵称	NULL
avatar	varchar(255)	头像	NULL
openid	varchar(40)	用户 openid	UQ
created_at	int(11)	注册时间	NN
created_ip	varchar(15)	注册 IP	NN

18.6 效果展示

商城系统中涉及的界面效果如图 18-3~图 18-19 所示。

图 18-3　（管理员登录）

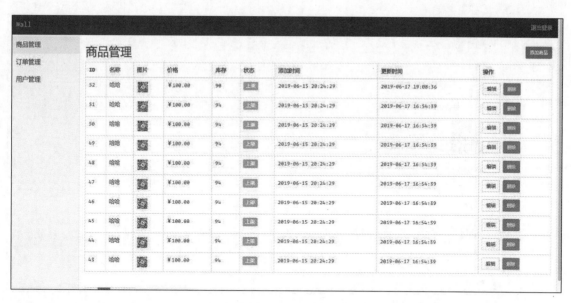

图 18-4（商品管理）

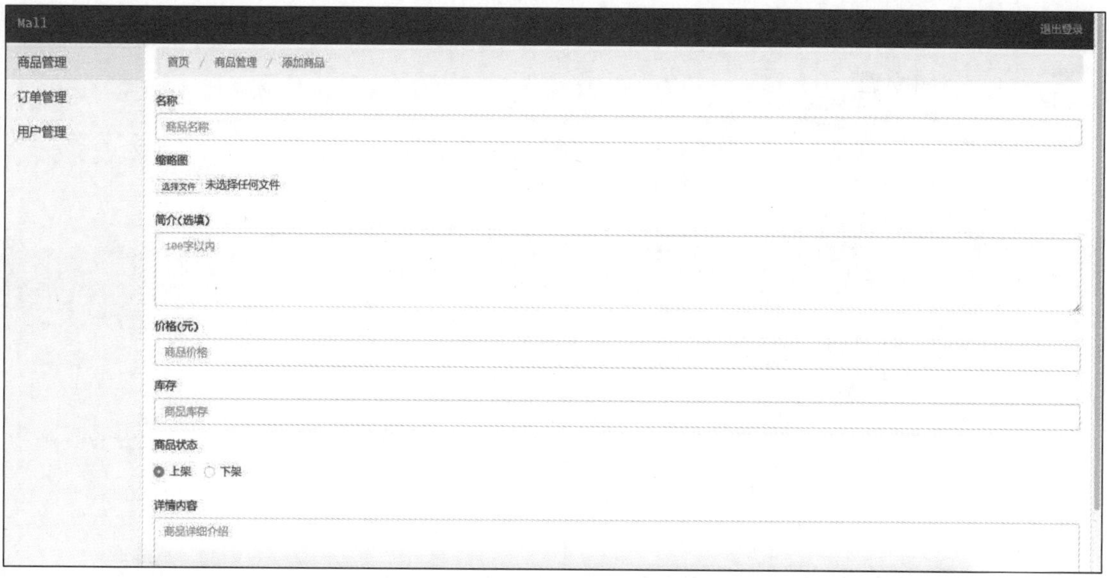

图 18-5（添加商品）

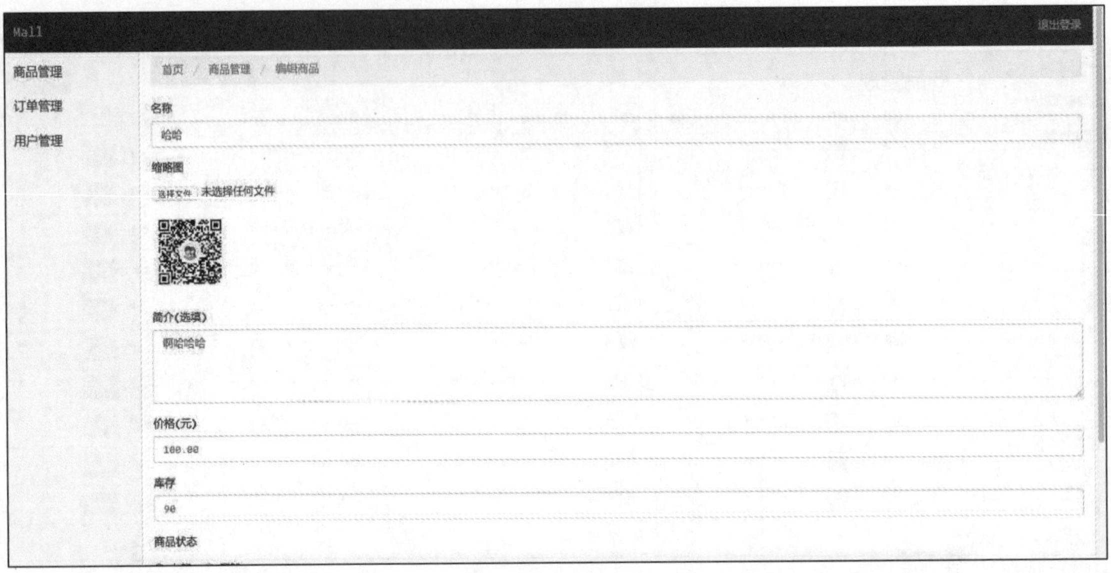

图 18-6（编辑商品）

图 18-7（订单管理）

第 18 章 微信小程序商城系统开发

图 18-8（订单详情）

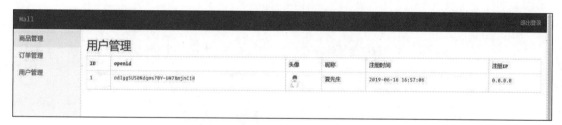

图 18-9（用户管理）

图 18-10（小程序授权登录）　　图 18-11（小程序个人中心）

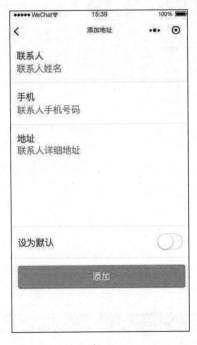

图 18-12（小程序地址管理） 图 18-13（小程序添加地址）

图 18-14（小程序编辑&&删除地址） 图 18-15（小程序我的订单）

第 18 章 微信小程序商城系统开发

图 18-16（小程序订单详情）

图 18-17（小程序首页）

图 18-18（小程序商品详情）

图 18-19（小程序购买商品）

183

18.7 代码示例

- application/admin/controller/Goods.php

```php
    /**
     * 发布商品
     * @param Request $request
     */
    public function do_publish(Request $request)
    {
        try {
            $data = $request->post();
            $thumb = $request->file('thumb');
            if (!empty($thumb)) {
                $data['thumb'] = AdminService::Factory()->upload($thumb);
            }
            $errmsg = $this->validate($request->post(), [
                'title|名称' => 'require|max:40',
                'thumb|缩略图' => 'require',
                'description|简介' => 'max:100',
                'price|价格' => 'require|>=:0',
                'stock|库存' => 'require|>=:0',
                'status|状态' => 'require|>=:0',
                'content|详情内容' => 'require'
            ]);
            if ($errmsg !== true) {
                $this->error($errmsg);
                return;
            }

            GoodsService::Factory()->publish($data);
            $this->success('发布成功', '/admin/goods/index');
        } catch (Exception $e) {
            $this->error($e->getMessage());
        }
    }
```

- application/index/service/GoodsService.php

```php
    /**
     * 购买
     * @param int   $goodsId
```

```php
     * @param int     $userId
     * @param array $data
     * @return Order
     */
    public function buy($goodsId, $userId, array $data)
    {
        $model = new Goods();
        return $model->transaction(function () use ($goodsId, $userId, $data, $model) {
            /** @var Goods $goods */
            $goods = $model->where('id', $goodsId)->lock(true)->find();
            if (empty($goods)) {
                throw new Exception('商品不存在');
            }
            if ($goods->stock < 1) {
                throw new Exception('库存不足');
            }
            $goods->stock--;
            if (!$goods->save()) {
                throw new Exception('购买失败');
            }

            $orderData = [
                'title' => $goods->title,
                'price' => $goods->price,
                'status' => Order::STATUS_CREATED,
                'realname' => $data['realname'],
                'phone' => $data['phone'],
                'address' => $data['address'],
                'snapshot' => $goods->toJson(),
                'goods_id' => $goodsId,
                'user_id' => $userId
            ];
            $order = new Order();
            $order->data($orderData);
            if (!$order->save()) {
                throw new Exception('购买失败');
            }
            return $order;
        });
    }
```

- application/index/service/OrderService.php

```php
/**
 * 支付
 * @param int $orderId
 * @param int $userId
 * @return Order
 */
public function pay($orderId, $userId)
{
    $model = new Order();
    return $model->transaction(function () use ($model, $userId, $orderId) {
        /** @var Order $order */
        $order = $model->where('order_id', $orderId)->lock(true)->find();

        if (empty($order) || $order->user_id != $userId) {
            throw new Exception('订单不存在', 404);
        }
        if ($order->status != Order::STATUS_CREATED) {
            throw new Exception('订单状态错误', 400);
        }
        $order->status = Order::STATUS_PAYED;
        $order->pay_at = time();
        if (!$order->save()) {
            throw new Exception('支付失败');
        }
        return $order;
    });
}
```

- application/index/service/WechatService.php

```php
/**
 * 微信
 * Class WechatService
 * @package app\index\service
 */
class WechatService extends Service
{
    /**
     * @var Client
     */
    private $client;
```

```php
public function __construct()
{
    $this->client = new Client([
        'base_uri' => 'https://api.weixin.qq.com'
    ]);
}

/**
 * 处理微信响应
 * @param ResponseInterface $response
 * @return mixed
 * @throws Exception
 */
protected function handleResponse(ResponseInterface $response)
{
    $data = json_decode($response->getBody()->getContents(), true);
    if (!empty($data['errcode'])) {
        throw new Exception($data['errmsg'], $data['errcode']);
    }
    return $data;
}

/**
 * 获取会话
 * @param string $code
 * @return mixed
 * @throws Exception
 */
public function getSession($code)
{
    $response = $this->client->get('/sns/jscode2session', [
        'query' => [
            'appid' => Config::get('applet.appid'),
            'secret' => Config::get('applet.secret'),
            'js_code' => $code,
            'grant_type' => 'authorization_code'
        ]
    ]);
    $data = $this->handleResponse($response);
    return $data;
}
```

- application/index/service/UserService.php

```php
/**
 * @param array $info
 * @return User|array|null
 * @throws Exception
 * @throws DbException
 */
public function oauth(array $info)
{
    $session = WechatService::Factory()->getSession($info['code']);
    $openid = $session['openid'];
    unset($info['code']);

    $user = User::get(['openid' => $openid]);
    if (empty($user)) {
        $user = new User();
        $user->openid = $openid;
    }

    $user->nickname = $info['nickname'];
    $user->avatar = $info['avatar'];

    if (false === $user->save()) {
        throw new Exception('授权失败');
    }
    $user = $user->toArray();
    $user['token'] = JWT::encode([
        'user_id' => $user['id'],
        'expired_at' => time() + 7 * 24 * 3600
    ], Config::get('jwt.key'));
    return $user;
}
```

小程序相关代码这里就不贴出来了，代码会托管到本书对应的组织下，熟悉前端的读者可以随时查阅。

18.8 项目总结

本章的小程序商城系统到这里就告一段落了。本章的内容对于不熟悉小程序或者前端的读者来说可能有些难度，但是随着各大互联网厂商都着手开发各自的小程序，笔者相信花点时间去学习一下小程序也是值得的。

另外，关于本章用到的小程序 appid/secret，各位读者可以去微信后台查询，目前个人开发者还是可以申请个人版的小程序进行开发的。

本节有点难度的地方在于购买商品时的事务处理以及加锁处理。这个在以后的开发中会经常用到，特别是涉及高并发场景的情况下，加锁是必需的。只是数据库加锁的代价也是相当大的，如果有性能要求，可能需要使用其他锁，比如 Redis 之类的。

18.9 项目完整代码

本项目已经托管到 github.com。各位读者有任何问题都可以在 github.com 上提 issue。

- 小程序仓库地址：https://github.com/thinkphp5-inaction/mall-applet
- PHP 仓库地址：https://github.com/thinkphp5-inaction/mall-php

后 记

介绍完 ThinkPHP 的知识后，通过使用 ThinkPHP 开发几个实际的项目，目的只有一个——"实践是检验真理的唯一标准"，只有实际的项目才能让读者明白 ThinkPHP 的项目开发流程。

如果大家在学习的过程中遇到问题，可以使用以下方式联系或者关注笔者（验证信息填写"ThinkPHP"）：

- 微信：xialeistudio
- QQ：1065890063
- QQ 群：346660435
- 邮箱：1065890063@qq.com
- github：https://github.com/xialeistudio
- segmentfault:https://segmentfault.com/u/xialeistudio
- 博客：https://www.ddhigh.com

有时间的时候我将为各位一一解答，让各位读者可以更好地应用 ThinkPHP 框架。

最后引用 ThinkPHP 框架的一句名言"大道至简，开发由我"！祝愿各位读者在以后的工作中更加顺利！